JN086592

大学入学共通テスト準備問題集
数学Ⅰ・A

数研出版編集部 編

本 書 の 構 成

① **構　　成**　数学Ⅰ，数学Aの内容を全部で27の項目に分け，1項目見開き2ページで構成した。

② **基本事項**　基礎的かつ重要な事項や公式を項目ごとにまとめた。

③ **基本問題**　基本事項で取り上げた内容が直接使えるような基本問題を穴埋め設問形式で取り扱った。問題のレベルは，想定される共通テストより平易な問題が主体である。また，解法の手掛かりを ヒント で示した。更に，問題の右には必要と思われる図や補足事項を適宜示した。

④ **Ｔ Ｒ Ｙ 問 題**　問題のレベルは基本問題と同じ程度であるが，問い方などを想定される共通テストの新しい形式にした問題である。

⑤ **STEP UP 演 習**　想定される共通テストの形式に合わせた問題である。基本事項などを参考にすれば十分解ける問題を扱っているから，基礎知識を確認するつもりで力試しをしてみよう。

⑥ **答 の 部**　基本問題とTRY問題，STEP UP演習の順にそれぞれ答を示した。

目　　次

1 式 の 計 算 数学 I

① 展開の公式

$$[1] \begin{cases} (a+b)^2=a^2+2ab+b^2 \\ (a-b)^2=a^2-2ab+b^2 \end{cases}$$

$$[2] \ (a+b)(a-b)=a^2-b^2$$

$$[3] \begin{cases} (x+a)(x+b)=x^2+(a+b)x+ab \\ (ax+b)(cx+d)=acx^2+(ad+bc)x+bd \end{cases}$$

$$[4] \ (a+b+c)^2=a^2+b^2+c^2+2ab+2bc+2ca$$

② 因数分解の公式

$$[1] \begin{cases} a^2+2ab+b^2=(a+b)^2 \\ a^2-2ab+b^2=(a-b)^2 \end{cases}$$

$$[2] \ a^2-b^2=(a+b)(a-b)$$

$$[3] \begin{cases} x^2+(a+b)x+ab=(x+a)(x+b) \\ acx^2+(ad+bc)x+bd=(ax+b)(cx+d) \end{cases}$$

③ 絶対値の性質 $a \geqq 0$ のとき $|a|=a$, $a<0$ のとき $|a|=-a$

④ 平方根の性質

[1] $a \geqq 0$ のとき $(\sqrt{a})^2=(-\sqrt{a})^2=a$, $\sqrt{a} \geqq 0$

[2] $\sqrt{a^2}=|a|$

[3] $a>0$, $b>0$, $k>0$ のとき

$$\sqrt{a}\sqrt{b}=\sqrt{ab}, \quad \frac{\sqrt{a}}{\sqrt{b}}=\sqrt{\frac{a}{b}}, \quad \sqrt{k^2a}=k\sqrt{a}$$

☑**1** 次の式を展開せよ。

補 足

(1) $(2x+1)(3x-2)=$ ^ア

(2) $(x+y-z)^2=$ ^イ

(3) $(x^2+y^2)(x-y)(x+y)=$ ^ウ

(4) $(a+3b-c)(a-3b+c)=$ ^エ

(4)
$\{a+(3b-c)\}\{a-(3b-c)\}$

ヒント (3) 展開の順序を考える　(4) 共通に現れる式を1つにまとめる

☑**2** 次の式を因数分解せよ。

(1) $2x^2-5x+2=$ ^ア

(2) $4x(x-y)-3y(y-x)=$ ^イ

(2)
$y-x=-(x-y)$

(3) $x^4-16=$ ^ウ

(4) $a^2b+b^2c-b^3-a^2c=$ ^エ

(5) $x^2-xy-6y^2-4x+7y+3=$ ^オ

ヒント (4) 最低次数の文字について整理　(5) x について整理

☑**3** $0<a<2$ のとき $|a+1|+|a-2|=\boxed{}$ である。

ヒント 定義に従って絶対値をはずす

補 足

$0<a<2$ のとき
$1<a+1<3$
$-2<a-2<0$

☑**4** (1) 次の式を簡単にせよ。

[1] $(2\sqrt{2}-\sqrt{3})(3\sqrt{2}+2\sqrt{3})=\overset{ア}{\boxed{}}$

[2] $\dfrac{1}{\sqrt{3}-\sqrt{2}}+\dfrac{3}{\sqrt{5}+\sqrt{2}}=\overset{イ}{\boxed{}}$

(2) $\dfrac{\sqrt{3}+1}{\sqrt{3}-1}$ の整数部分を a，小数部分を b とするとき，

$a=\overset{ウ}{\boxed{}}$，$b=\overset{エ}{\boxed{}}$ である。

ヒント (1) [2] 分母の有理化

・**整数部分**
 $\sqrt{1}<\sqrt{3}<\sqrt{4}$ より
 $1<\sqrt{3}<2$
・**小数部分**
 （x の小数部分）
 ＝$x-$（x の整数部分）

TRY 問題

☑**5** ある日，太郎さんと花子さんのクラスでは，数学の授業で先生から次の問題が宿題として出された。

問題 $x=3+2\sqrt{2}$，$y=3-2\sqrt{2}$ のとき，次の値を求めよ。

(i) xy (ii) x^2+y^2

次の日，2人はこの問題について，次のように話している。

太郎：(i)は展開の公式を利用すれば簡単に求められたよ。
　　　(ii)は少し大変だったけど，x^2 と y^2 をそれぞれ計算して足せば求められたよ。
花子：ちょっとまって。(ii)は

$x^2+y^2=(x+y)^{\overset{ア}{\boxed{}}}-\overset{イ}{\boxed{}}xy$ と表せるから，

$x+y$ の値と (i) で求めた xy の値を用いて簡単に求められるよ。
太郎：そうか！ $x+y$ の値は $\overset{ウ}{\boxed{}}$ で，(i) の答えは

$\overset{エ}{\boxed{}}$ だから，x^2+y^2 の値は $\overset{オ}{\boxed{}}$ になるね。

ちゃんと僕の計算結果と同じになったよ。

ヒント $(x+y)^2$ の展開の公式を式変形する

2 1次不等式とその利用 数学Ⅰ

基 本 事 項

① 不等式の性質

[1] $a<b$ ならば $a+c<b+c$, $a-c<b-c$

[2] $a<b$, $c>0$ ならば $ac<bc$, $\dfrac{a}{c}<\dfrac{b}{c}$

$a<b$, $c<0$ ならば $ac>bc$, $\dfrac{a}{c}>\dfrac{b}{c}$

② 絶対値を含む方程式・不等式

$c>0$ のとき 方程式 $|x|=c$ の解は $x=\pm c$

不等式 $|x|<c$ の解は $-c<x<c$

不等式 $|x|>c$ の解は $x<-c$, $c<x$

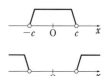

☐**6** (1) $2x-1>4x+5$ の解は ᵃ[＿＿＿]

(2) $\dfrac{3}{4}x-\dfrac{1}{2}\leqq\dfrac{1}{3}x+2$ の解は ⁱ[＿＿＿]

(3) $\dfrac{1}{2}x+2<\dfrac{3}{4}(x-2)$ の解は ᵘ[＿＿＿]

ヒント x の項は左辺，定数は右辺に移項して整理する

補 足

$ax>b$, $ax\leqq b$ などの形に整理し，両辺を x の係数 a で割る。このとき，a の正負に注意。

☐**7** 次の連立不等式について

(1) $\begin{cases} 6x-7\leqq 2x+1 \\ 3x+7<4(2x+3) \end{cases}$ の解は ᵃ[＿＿＿]

(2) $\begin{cases} 2\left(\dfrac{1}{3}x-1\right)\leqq 3\left(\dfrac{1}{2}x+1\right) \\ \dfrac{1}{6}x+1<-\dfrac{1}{2}x-1 \end{cases}$ の解は ⁱ[＿＿＿]

ヒント 2つの不等式の解の共通範囲を求める

$a<b$ のとき，例えば

$\begin{cases} x\geqq a \\ x<b \end{cases}$ の共通範囲は

$a\leqq x<b$

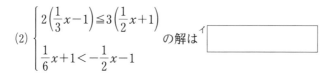

☐**8** (1) $|2x-1|=5$ の解は ᵃ[＿＿＿]

(2) $|3x+2|\geqq 4$ の解は ⁱ[＿＿＿]

ヒント (1) $2x-1=A$ とおくと $|A|=5$ (2) $3x+2=B$ とおくと $|B|\geqq 4$

4

TRY 問題

□**9** ある学校で学校祭のパンフレットを作ることになった。印刷の費用は 100 枚までは 5000 円であるが，100 枚を超えた分については，1 枚につき 30 円かかるという。ただし，消費税は考えないものとする。

(1) 印刷の費用について述べている文として正しいものを，次の ⓪ ～ ③ のうちから二つ選べ。 ^ア　　

　　 ⓪　80 枚印刷するとき，印刷の費用は 5000 円より安い。

　　 ①　50 枚印刷するときと，80 枚印刷するときとでは，80 枚 印刷する方が 1 枚あたりの印刷の費用は安い。

　　 ②　120 枚印刷するとき，印刷の費用は 3600 円である。

　　 ③　300 枚印刷するとき，印刷の費用は 11000 円である。

(2) 1 枚あたりの印刷の費用を 45 円以下にしたい。

パンフレットを x 枚印刷するとする。

100 枚印刷するとき，1 枚あたりの印刷の費用は ^イ　　 円 であるから，1 枚あたりの印刷の費用が 45 円以下となるとき

$$x \; \boxed{}^{ウ} \; 100$$

((ウ) には不等号「＞」「＜」のいずれかが入る)

このとき，印刷の費用は $\left(\boxed{}^{エ} x + \boxed{}^{オ} \right)$ 円であるから，1 枚あたりの印刷の費用が 45 円以下となるとき，x が満たす不等式は

$$\boxed{}^{エ} x + \boxed{}^{オ} \leqq \boxed{}^{カ} \quad \cdots\cdots ①$$

これを解いて　　$x \geqq \boxed{}^{キ}$

よって，① を満たす最小の整数 x の値は　$x = \boxed{}^{ク}$

これは $x \; \boxed{}^{ウ} \; 100$ を満たしている。

したがって，1 枚あたりの印刷の費用を 45 円以下にするためには，少なくとも $\boxed{}^{ク}$ 枚印刷する必要がある。

ヒント (1) 印刷枚数が 100 枚以下のとき，費用は一律で 5000 円である

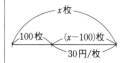

印刷の費用の合計は
(1 枚あたりの費用)×(枚数)

3 集 合

数学Ⅰ

① **集合と包含関係**

　[1] $a \in M$ …… a は集合 M に属する　　$b \notin M$ …… b は集合 M に属さない

　[2] 部分集合　$A \subset B \Longleftrightarrow$「$x \in A$ ならば $x \in B$」…… A は B の部分集合

② **共通部分と和集合**

　[1] 共通部分　$A \cap B = \{x \mid x \in A$ かつ $x \in B\}$

　[2] 和集合　　$A \cup B = \{x \mid x \in A$ または $x \in B\}$

③ **補集合**（U を全体集合とする）

　補集合　$\overline{A} = \{x \mid x \in U$ かつ $x \notin A\}$ …… U に関する A の補集合

☑ **10** $U = \{x \mid x$ は 10 以下の自然数$\}$ を全体集合とし，その部分集合

$A = \{x \mid x$ は 10 以下の素数$\}$，$B = \{3n-1 \mid n = 1, 2, 3\}$ につい

て，次の集合を，要素を書き並べる方法で表せ。

(1) $A = \left\{ {}^{ア}\boxed{} \right\}$，$B = \left\{ {}^{イ}\boxed{} \right\}$

(2) $A \cap B = \left\{ {}^{ウ}\boxed{} \right\}$

(3) $\overline{A} \cap B = \left\{ {}^{エ}\boxed{} \right\}$

ヒント (3) 図に集合の要素を書き込む

補　足

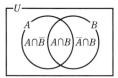

☑ **11** 全体集合 $U = \{1, 2, 3, 4, 5, 6\}$ の部分集合 A，B について

$\overline{A} \cap \overline{B} = \{1\}$，$A \cap B = \{2\}$，$A \cap \overline{B} = \{3, 5\}$ であるとき，

$A = {}^{ア}\boxed{}$，$B = {}^{イ}\boxed{}$ である。

ヒント 図にわかっている集合の要素を書き込む

・**ド・モルガンの法則**

$\overline{A \cup B} = \overline{A} \cap \overline{B}$,

$\overline{A \cap B} = \overline{A} \cup \overline{B}$

☑ **12** 実数の全体を全体集合として考えるとき，$A = \{x \mid x^2 - 4x \leqq 0\}$，

$B = \{x \mid x^2 - 4 < 0\}$，$C = \{x \mid x^2 + 4x + 3 > 0\}$ とする。

このとき，次の集合を求めよ。

(1) $A \cap B = {}^{ア}\boxed{}$

(2) $\overline{B} \cup \overline{C} = {}^{イ}\boxed{}$

ヒント 数直線を利用するとよい

□**13** 全体集合を U, その部分集合を A, B とする。$A \subset B$ であるとき, $A \cup B$ は ᵃ☐, $A \cap B$ は ⁱ☐, $A \cap \overline{B}$ は ᵘ☐ とそれぞれ等しくなる。当てはまるものを, 次の⓪〜③のうちからそれぞれ一つずつ選べ。

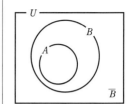

⓪ A　　① B　　② U　　③ $\varnothing$

ヒント 図を利用するとよい

TRY 問題

□**14** 太郎さんと花子さんが次の問題について話している。

問題 集合 A について, $A = \{2, 3\}$ とする。次の ☐ に当てはまるものを, 次の⓪〜④のうちから一つずつ選べ。

(i) 3 ☐ A　　(ii) $\{3\}$ ☐ A

⓪ $\in$　　① $\subset$　　② $\supset$　　③ $\cap$　　④ $\cup$

> 太郎：空欄の左側について, (i) は 3 だけど, (ii) は $\{3\}$ となっていて, 似ているけど少し違うね。
>
> 花子：(i) の答えは ᵃ☐ だね。(ii) は (i) と同じではダメということかな。
>
> 太郎：(ii) の $\{3\}$ は「3 のみを要素にもつ集合」という意味になるから, (ii) の空欄には集合同士の関係を表す記号が入ることになるよ。
>
> 花子：じゃあ, (ii) の答えは ⁱ☐ だね。
>
> 　　つまり, $\{3\}$ は ᵘ☐ ということだね。

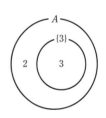

(1) ᵘ☐ に当てはまるものを, 次の⓪〜③のうちから二つ選べ。

⓪ A の部分集合　　① A に属する

② A の要素　　③ A に含まれる

(2) A の部分集合をすべてあげると

ᴱ☐

である。

ヒント (2) 空集合 $\varnothing$ はどんな集合に対しても, その部分集合である

7

4 必要条件・十分条件

数学 I

基 本 事 項

① **命題と集合**

条件 p を満たすもの全体の集合を P, 条件 q を満たすもの全体の集合を Q とすると
$$\lceil p \Longrightarrow q\ \text{が真} \rfloor \Longleftrightarrow P \subset Q$$

② **必要条件・十分条件**

命題 $p \Longrightarrow q$ が真であるとき, p は q であるための十分条件

q は p であるための必要条件

$p \Longleftrightarrow q$ が成り立つとき, p は q (q は p) であるための必要十分条件

であり, p と q は同値であるという (このとき $P = Q$)。

③ **条件と否定** (条件 p, q の否定を $\overline{p}$, $\overline{q}$ で表す)

条件	p かつ q	p または q	少なくとも 1 つは~である
否定	$\overline{p}$ または $\overline{q}$	$\overline{p}$ かつ $\overline{q}$	すべて~でない

☐ **15** 実数 a, b に関する 2 つの命題 ①, ② について

①：$a > b$ ならば $a^2 > b^2$ ②：$a = b$ ならば $a^2 + ab - 2b^2 = 0$

真である命題は ${}^{ア}\boxed{}$ である。また, 偽である命題は ${}^{イ}\boxed{}$

であり, 反例は $a = {}^{ウ}\boxed{}$, $b = {}^{エ}\boxed{}$ などの場合である。

ヒント ② $a = b$ を代入する

☐ **16** 次の $\boxed{}$ 内に①：「必要」, ②：「十分」, ③：「必要十分」のうち

最も適する番号を入れ, いずれでもない場合は × 印を入れよ

(文字はすべて実数である)。

(1) $x = 1$ かつ $y = 1$ は, $xy = 1$ であるための ${}^{ア}\boxed{}$ 条件

(2) $xy = 0$ は $|x + y| = |x - y|$ であるための ${}^{イ}\boxed{}$ 条件

(3) $x^2 + x > 0$ は $x < -2$ であるための ${}^{ウ}\boxed{}$ 条件

(4) x が無理数であることは, $\sqrt{3}\,x$ が有理数であるための

${}^{エ}\boxed{}$ 条件

ヒント 前者の条件を p, 後者の条件を q として, $p \Longrightarrow q$, $q \Longrightarrow p$ の真偽を調べる

TRY 問題

☑ **17** 次の □ 内に最も適する番号を入れよ。ただし，x は実数，m，n は自然数とする。

(1) $(x+4)(x-5)=0$ は ^ア□ であるための必要条件であるが，十分条件でない。

    ⓪　$x=-4$ または $x=5$　　①　$x=-4$

    ②　$(x+4)(x-5)(x+7)=0$

このとき，十分条件でないことがわかる x の値は ^イ□ である。

    ③　$x=5$　　④　$x=-4$　　⑤　$x=-7$

補足欄:
$(x+4)(x-5)(x+7)=0$
$\iff x=-4$ または $x=5$
または $x=-7$

(2) ^ウ□ は，四角形 ABCD が平行四辺形であるための必要条件であるが，十分条件でない。

    ⓪　四角形 ABCD の 1 組の対辺が平行であること

    ①　四角形 ABCD の 2 組の対角が等しいこと

    ②　四角形 ABCD のすべての辺の長さが等しいこと

このとき，十分条件でないことがわかる図は ^エ□ である。

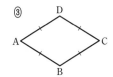 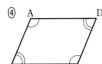 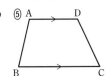

補足欄: ③はひし形，④は平行四辺形，⑤は台形である。

(3) ^オ□ は，mn が 9 の倍数であるための十分条件であるが，必要条件でない。

    ⓪　m，n のうち少なくとも 1 つが 3 の倍数であること

    ①　mn が 3 の倍数であること

    ②　m，n がともに 3 の倍数であること

このとき，必要条件でないことがわかる m，n の値は ^カ□ である。

    ③　$m=2$，$n=18$　　④　$m=3$，$n=3$　　⑤　$m=4$，$n=6$

ヒント (1) 「$(x+4)(x-5)=0$ ならば ^ア□」の反例をあげる

    (2) 「^ウ□ ならば四角形 ABCD が平行四辺形」の反例をあげる

    (3) 「mn は 9 の倍数であるならば ^オ□」の反例をあげる

5 逆・裏・対偶 数学 I

基本事項

① **命題とその逆・裏・対偶**

命題 $p \Longrightarrow q$ に対して

逆	$q \Longrightarrow p$
裏	$\overline{p} \Longrightarrow \overline{q}$
対偶	$\overline{q} \Longrightarrow \overline{p}$

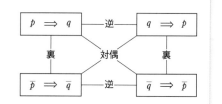

② **命題の真偽**

[1] 命題とその対偶の真偽は一致する。

[2] 命題とその逆・裏について，真偽は必ずしも一致しない。

□**18** 命題「$a+b>0$ ならば $a>0$ または $b>0$ である」…… ①

の逆，裏，対偶は次のようになる。

（逆）ア〔　　　〕 ならば イ〔　　　〕 …… ②

（裏）ウ〔　　　〕 ならば エ〔　　　〕 …… ③

（対偶）オ〔　　　〕 ならば カ〔　　　〕 …… ④

この ①～④ のうち真であるものは キ〔　〕，ク〔　〕

偽であるものは ケ〔　〕，コ〔　〕 である。

ヒント ② の対偶は ③ である

補　足

命題とその対偶の真偽は
一致する。

□**19** 2つの命題 ①，② について，以下の問いに答えよ。

①：「自然数 m, n がともに偶数ならば，積 mn は偶数である」

②：「自然数 a, b について，積 ab が 3 の倍数であれば，a, b のうち少なくとも 1 つは 3 の倍数である」

(1) 真である命題は ア〔　〕

(2) 逆が真である命題は イ〔　〕

(3) 裏が真である命題は ウ〔　〕

(4) 対偶が真である命題は エ〔　〕

ヒント 命題とその対偶の真偽は一致する

・**背理法**

ある事柄を証明するの
に，まずその事柄が成
り立たないと仮定して
矛盾を導き，それによ
って，事柄が成り立つ
ことを証明する方法。

「少なくとも 1 つは～」
の否定は
「すべて～でない」

TRY 問題

☑**20** 太郎さんと花子さんが次の問題について話している。

<u>問題</u> 実数 x について，命題P：「$x^2=4$ ならば $x=2$」を考える。命題Pとその逆，対偶のうち，□ が真である。

□ に当てはまるものを，次のA～Gのうちから一つ選べ。

A　3つすべて　　　　　B　命題Pのみ

C　命題Pの逆のみ　　　D　命題Pの対偶のみ

E　命題Pとその対偶の2つのみ

F　命題Pとその逆の2つのみ

G　命題Pの逆と命題Pの対偶の2つのみ

花子：まず，命題Pの真偽を考えると，命題Pは^ア□ だね。

太郎：次に，命題Pの逆を考えると，命題Pの逆は

「^イ□ ならば ^ウ□」だから，

命題Pの逆の真偽は^エ□ だね。

花子：最後に命題Pの対偶の真偽を考えると……

太郎：ちょっとまって。どんな命題に対しても，その対偶の真偽は^オ□ から，命題Pの対偶の真偽は^カ□ だね。

花子：じゃあ，問題の答えは^キ□ になるね。

さらに，A～Gの7個の選択肢のうち^ク□ 個は，どんな命題に対しても当てはまらないことがすぐにわかるね。

^オ□ に当てはまるものを，次の⓪～③のうちから一つ選べ。

⓪　もとの命題の真偽と一致する

①　もとの命題の逆の真偽と一致する

②　もとの命題の真偽と一致しない

③　もとの命題の逆の真偽と一致しない

ヒント $x^2=4$ を満たすのは $x=\pm2$ である

6 2次関数のグラフ

数学Ⅰ

 基 本 事 項

① **2次関数のグラフ**

[1] 頂点が点 (p, q), 軸が直線 $x=p$ $\longrightarrow$ $y=a(x-p)^2+q$

$a>0$ のとき下に凸, $a<0$ のとき上に凸の放物線となる。

[2] 2次関数の一般形は $y=ax^2+bx+c$

頂点は点 $\left(-\dfrac{b}{2a}, -\dfrac{b^2-4ac}{4a}\right)$, 軸は直線 $x=-\dfrac{b}{2a}$

② **グラフの移動**

[1] 平行移動 x軸方向に p, y軸方向に q だけ平行移動すると

(i) 点 $(a, b) \longrightarrow (a+p, b+q)$

(ii) グラフ $y=f(x) \longrightarrow y=f(x-p)+q$

[2] 対称移動 $y=f(x)$ のグラフを(i) x軸 (ii) y軸 (iii) 原点 に関して, それぞれ対称移動すると

(i) $y=-f(x)$ (ii) $y=f(-x)$ (iii) $y=-f(-x)$

③ **2次関数の決定**

[1] 頂点が点 $(p, q) \longrightarrow y=a(x-p)^2+q$ (軸は直線 $x=p$)

[2] 3点を通る $\longrightarrow$ 一般形 $y=ax^2+bx+c$ に代入し, 係数を求める。

[3] x軸と2点 $(\alpha, 0)$, $(\beta, 0)$ で交わる $\longrightarrow y=a(x-\alpha)(x-\beta)$

☑ **21** (1) 放物線 $y=-x^2+2x+1$ の頂点は

点 $^{ア}\boxed{}$, 軸は直線 $x=$ $^{イ}\boxed{}$ である。

(2) 放物線 $y=\dfrac{1}{2}x^2+ax+2$ の頂点が点 $(1, b)$ であるとき,

$a=$ $^{ウ}\boxed{}$, $b=$ $^{エ}\boxed{}$ である。

ヒント $y=a(x-p)^2+q$ の形に変形する

☑ **22** (1) 放物線 $y=(x-1)^2-4$ …… ① を x軸方向に -2, y軸方向に 3 だけ平行移動すると, ①の頂点は点 $^{ア}\boxed{}$ に移り, ①は放物線 $^{イ}\boxed{}$ に移る。

補 足

(1)
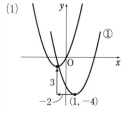

(2) (1)の① を x軸方向に a, y軸方向に b だけ平行移動して,

放物線 $y=x^2$ にするとき, $a=$ $^{ウ}\boxed{}$, $b=$ $^{エ}\boxed{}$ である。

ヒント (2) 頂点 $(1, -4) \longrightarrow (0, 0)$ となる

12

☐**23** 放物線 $y=ax^2+bx+c$ について

(1) 3点 $(-1,\ 2)$, $(1,\ 6)$, $(2,\ 11)$ を通るならば

$a=$ ア☐ , $b=$ イ☐ , $c=$ ウ☐ である。

(2) x 軸と2点 $(-1,\ 0)$, $(3,\ 0)$ で交わり, y 軸と点 $(0,\ 3)$ で

交わるならば $a=$ エ☐ , $b=$ オ☐ , $c=$ カ☐ である。

(2)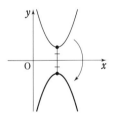

ヒント (1) $y=ax^2+bx+c$ に通る点を代入する

(2) $y=a(x+1)(x-3)$ とおける

TRY 問題

☐**24** 太郎さんと花子さんが次の問題について話している。

問題 放物線 $y=(x-2)^2+1$ を x 軸に関して対称移動させた放
物線の方程式を求めよ。

太郎：関数 $y=f(x)$ のグラフを x 軸に関して対称移動する
ときは，方程式の y を $-y$ におきかえる，つまり
$y=-f(x)$ とすればよいと習ったね。

答えは $y=$ ア☐ になるね。

花子：x 軸に関しての対称移動なのに，どうして y の符号を
変えればいいんだろうね。

$-y=f(x) \rightarrow y=-f(x)$

太郎：右の図を見ると，もとの放物線

の頂点 イ☐ は，

点 ウ☐ に移り，移動

後の点も頂点となるね。

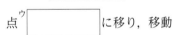

放物線の頂点を対称移動
した点が，求める放物線
の頂点となる。

花子：でも，もとの放物線の頂点の座標を ウ☐

に変えただけの方程式では，最初の答えと一致しない
よ。

太郎：図をよく見て！グラフの エ☐ が変わっているよ。

花子：そうか！これで最初の答えと一致したね。

エ☐ に当てはまるものを，次の⓪～②のうちから一つ選べ。

⓪ 上に凸か下に凸か　　① 軸の位置　　② 開き具合

ヒント $f(x)=(x-2)^2+1$ とおくと，移動後の方程式は $y=-f(x)$

7 2次関数の最大・最小 　　数学 I

① **2次関数 $y=ax^2+bx+c$ の最大・最小**

$y=a(x-p)^2+q$ の形に変形

　[1] $a>0$ の場合　$x=p$ で最小値 q, 最大値なし

　[2] $a<0$ の場合　$x=p$ で最大値 q, 最小値なし

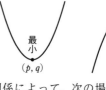

② **定義域に制限がある2次関数の最大・最小**

$y=a(x-p)^2+q$ $(h\leqq x\leqq k)$ の最大・最小について

$a>0$〔下に凸〕のとき, 軸 $x=p$ と定義域 $h\leqq x\leqq k$ の位置関係によって, 次の場合に分かれる。

($a<0$〔上に凸〕のときは, 最大と最小が入れ替わる)

| 軸が定義域の | 左外 | 左半分 | 中央 | 右半分 | 右外 |

補　足

□**25** (1) 関数 $y=x^2+6x+5$ は

　　　　$x=$ ［ア　　］で最小値［イ　　］をとる。

(2) 関数 $y=-x^2+ax+b$ が $x=3$ で最大値 2 をとるとき

　　定数 a, b の値は, $a=$ ［ウ　　］, $b=$ ［エ　　］である。

(3) 関数 $y=2x^2-4x+1$ $(-1\leqq x\leqq 2)$ は

　　　　$x=$ ［オ　　］で最大値［カ　　］,

　　　　$x=$ ［キ　　］で最小値［ク　　］をとる。

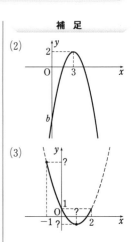

(2)

(3)

ヒント (2) 頂点の座標を考える　(3) 軸の位置に注意

□**26** (1) 関数 $y=2x^2-4ax-4a+6$ の最小値は, a の関数であり, こ

れを $m(a)$ とすると, $m(a)=$ ［ア　　　　　］となる。

(2) (1)の $m(a)$ を a の関数とみるとき, $m(a)$ は $a=$ ［イ　　］

で最大値［ウ　　］をとる。

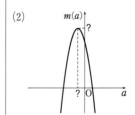

(2)

ヒント まず, $y=a(x-p)^2+q$ の形に変形

☐**27** 関数 $y=x^2-2ax+3$ の $-1\leqq x\leqq 2$ における最小値 m は

$a<$ ⁷☐ のとき, $m=$ ⁱ☐

ᵃ☐ $\leqq a\leqq$ ᵁ☐ のとき, $m=$ ᴱ☐

ᵁ☐ $<a$ のとき, $m=$ ᵒ☐ である。

ヒント a の値によって軸の位置が変わる

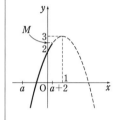

補 足

☐**28** $a\leqq x\leqq a+2$ における関数 $y=-x^2+2x+2$ の最大値 M は

$a<$ ⁷☐ のとき, $M=$ ⁱ☐

ᵃ☐ $\leqq a\leqq$ ᵁ☐ のとき, $M=$ ᴱ☐

ᵁ☐ $<a$ のとき, $M=$ ᵒ☐ である。

ヒント a の値によって定義域が変わる

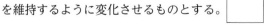

TRY 問題

☐**29** 関数 $f(x)=a(x-p)^2+q$ について, $y=f(x)$ のグラフをコンピュータのグラフ表示ソフトを用いて表示させる。

このソフトでは, a, p, q の値を入力すると, その値に応じたグラフ, 関数の最大値あるいは最小値が表示される。最初に, a, p, q をある値に定めたところ, 右の図のように, 下に凸の放物線が表示された。また, 関数の最小値としてある値が表示された。

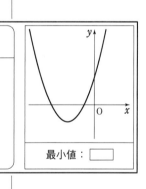

この状態から a, p, q の値のうち1つだけを変化させて, 関数の最小値を変化させるためにはどの値を変化させればよいか, 次の⓪～③のうちから一つ選べ。ただし, グラフが下に凸の状態を維持するように変化させるものとする。 ☐

⓪ a ① p ② q

③ どの値を変化させても最小値は変化しない

ヒント 下に凸のグラフでは, 頂点の y 座標が関数の最小値となる

15

基本事項

① **2次方程式の解の公式** 2次方程式 $ax^2+bx+c=0$ の解は $x=\dfrac{-b\pm\sqrt{b^2-4ac}}{2a}$

② **2次方程式の実数解の個数，2次関数のグラフと x 軸の位置関係** $f(x)=ax^2+bx+c$ とする。

$D=b^2-4ac$ の符号	$D>0$	$D=0$	$D<0$
$f(x)=0$ の実数解	異なる2つの実数解をもつ	ただ1つの解（重解）をもつ	実数解をもたない
$y=f(x)$ のグラフと x 軸の位置関係	異なる2点で交わる	1点で接する	共有点をもたない
共有点の個数	2個	1個（接点）	0個

☑**30** (1) $x^2-7x+12=0$ の解は ᵃ[　　　　]

(2) $2x^2-3x-1=0$ の解は ⁱ[　　　　]

(3) $\dfrac{1}{2}x^2-3x+1=0$ の解は ᵘ[　　　　]

ヒント (3) 方程式の両辺に2を掛ける

☑**31** 2次方程式 $2x^2+(1-3k)x+2=0$ が重解をもつとき，定数 k の

値は $k=$ ᵃ[　　　] , ⁱ[　　　] （(ア)<(イ) とする）である。

また，そのときの重解は $k=$ ᵃ[　　　] のとき $x=$ ᵘ[　　　]

$k=$ ⁱ[　　　] のとき $x=$ ᵉ[　　　]

ヒント 2次方程式 $ax^2+bx+c=0$ が重解をもつ ⟺ $D=b^2-4ac=0$

☑**32** (1) 2次関数 $y=4x^2-20x+25$ のグラフと x 軸の共有点の座標は

ᵃ[　　　　] である。

(2) 2次関数 $y=2x^2+x-1$ のグラフが x 軸から切り取る線分の

長さは ⁱ[　　　] である。

(3) 2次関数 $y=2x^2-x+3m+2$ のグラフが x 軸と共有点をもた

ないとき，定数 m の値の範囲は ᵘ[　　　　] である。

ヒント (1) 共有点の x 座標は，2次方程式 $4x^2-20x+25=0$ の解

補足

・**2次方程式**

$ax^2+bx+c=0$ **の解法**

[1] 因数分解の利用を

考える。

[2] 因数分解できない

場合は，解の公式を

利用する。

$ax^2+bx+c=0$ が重解を

もつとき，その重解は

$x=-\dfrac{b}{2a}$ で表される。

(2)

切り取る線分の長さは

$\beta-\alpha$

□**33** 太郎さんと花子さんが次の問題について話している。

問題 2次方程式 $19x^2-47x-28=0$ の実数解の個数を求めよ。

> 太郎：2次方程式の実数解の個数を求めるときは判別式を利
> 　　　用すればよかったね。
>
> 花子：判別式 D は $D=(-47)^2-4\cdot19\cdot(-28)$ となるよ。
> 　　　これを計算するのは大変そうだね。判別式を計算しな
> 　　　くても済むような何かいい考え方はないかな。
>
> 太郎：そういえば，今日，2次方程式の実数解と2次関数の
> 　　　グラフの関係について，授業で習ったね。
> 　　　2次方程式 $19x^2-47x-28=0$ の実数解の個数は，2
> 　　　次関数 $y=19x^2-47x-28$ のグラフと ^ア□ 軸との
> 　　　共有点の個数と一致するから ……
> 　　　（(ア)には「x」「y」のいずれかが入る）
>
> 花子：そうか！ $y=19x^2-47x-28$ のグラフと ^ア□ 軸と
> 　　　の共有点の個数は，^イ□ 個ってすぐにわかるよ。
>
> 太郎：これなら判別式を使わなくても，すぐに実数解の個数
> 　　　が ^イ□ 個ってわかるね。
>
> 花子：つまり，a が正の数のとき2次方程式 $ax^2+bx+c=0$
> 　　　の実数解の個数は，c の値が ^ウ□ のときは必ず
> 　　　^イ□ 個ということになるね。
> 　　　（(ウ)には「正」「負」のいずれかが入る）

2次方程式
$ax^2+bx+c=0$ の判別式
D は　$D=b^2-4ac$

波下線部の根拠として適切なものを，次の⓪～③のうちから一つ
選べ。 ^エ□

⓪　グラフが下に凸である

①　グラフが点（3，2）を通る

②　グラフの軸が y 軸よりも右にある

③　グラフが下に凸で，y 切片の値が負である

ヒント　2次関数のグラフの形を考える

17

2次不等式の解

[1] $a>0$, $D=b^2-4ac>0$ のとき, 2次方程式 $ax^2+bx+c=0$ の異なる2つの解を α, β ($\alpha<\beta$) とすると

$ax^2+bx+c>0$ の解は $x<\alpha$, $\beta<x$

$ax^2+bx+c<0$ の解は $\alpha<x<\beta$

[2] 一般の2次不等式の解 ($a>0$ とする)

$D=b^2-4ac$ の符号	$D>0$	$D=0$	$D<0$
$y=ax^2+bx+c$ のグラフ	(グラフ: x軸と2点 α, β で交わる放物線)	(グラフ: x軸と1点 $-\dfrac{b}{2a}$ で接する放物線)	(グラフ: x軸と交わらない放物線)
$ax^2+bx+c>0$	$x<\alpha$, $\beta<x$	$-\dfrac{b}{2a}$ 以外の すべての実数	すべての実数
$ax^2+bx+c\geqq0$	$x\leqq\alpha$, $\beta\leqq x$	すべての実数	すべての実数
$ax^2+bx+c<0$	$\alpha<x<\beta$	解はない	解はない
$ax^2+bx+c\leqq0$	$\alpha\leqq x\leqq\beta$	$x=-\dfrac{b}{2a}$	解はない

☐**34** (1) $x^2-4x+3\geqq0$ の解は ^{ア} ☐

(2) $2x^2-x-1<0$ の解は ^{イ} ☐

(3) $-\dfrac{1}{2}x^2-x+\dfrac{3}{2}>0$ の解は ^{ウ} ☐

(4) $x^2-10x+25\leqq0$ の解は ^{エ} ☐

(5) $x^2+8x+18>0$ の解は ^{オ} ☐

ヒント (1), (2) 不等式の左辺を因数分解　　(3) 不等式の両辺に -2 を掛ける

(5) 関数 $y=x^2+8x+18$ のグラフは x 軸と共有点をもたない

☐**35** 2つの不等式 $-x^2+x\geqq0$ と $2x^2+x-1>0$ を同時に満たす x の

値の範囲は ☐ である。

ヒント それぞれの不等式を解き, その共通範囲を求める

補 足

不等式の両辺に同じ負の数を掛けたり, 負の数で割ったりすると, 不等号の向きが変わる。

TRY 問題

☑**36** 太郎さんと花子さんが次の問題Aについて話している。

> 問題Ａ　x の方程式 $2kx^2+2(k-3)x+k+1=0$ …… ① が異なる 2 つの実数解をもつとき, 定数 k の値の範囲は ☐ である。

> 太郎：2 次方程式が実数解をもつかどうかは, 判別式を用いればよかったね。早速, 計算してみよう。
>
> 花子：ちょっとまって。$k=$ ［ア☐］のときは, ① は 2 次方程式ではなくなるよ。
>
> 太郎：本当だ！ということは, $k=$ ［ア☐］のときと, $k \neq$ ［ア☐］のときで場合分けをする必要があるね。
>
> 花子：$k=$ ［ア☐］のとき, ① は実数解を［イ☐］ね。
>
> 太郎：$k \neq$ ［ア☐］のとき, ① は 2 次方程式となるから, 判別式を D とすると, ① が異なる 2 つの実数解をもつための D の満たすべき条件は［ウ☐］だね。

(1) ［イ☐］に当てはまるものを, 次の⓪〜②のうちから一つ選べ。

    ⓪　もたない　　①　1 つもつ　　②　2 つもつ

(2) ［ウ☐］に当てはまるものを, 次の⓪〜③のうちから一つ選べ。

    ⓪　$D=0$　　①　$D \leqq 0$　　②　$D>0$　　③　$D \geqq 0$

(3) 問題Aの答えは［エ☐］である。

ヒント (3) x^2 の係数が 0 のとき, ① は 2 次方程式ではなくなる

10 2次不等式(2)

数学 I

基 本 事 項

① 解から2次不等式の係数決定

$\alpha < \beta$ のとき $\alpha < x < \beta \iff (x-\alpha)(x-\beta) < 0$　　　$x < \alpha,\ \beta < x \iff (x-\alpha)(x-\beta) > 0$

② 2次不等式が常に成り立つ条件　$a \neq 0,\ D = b^2 - 4ac$ とする。

[1] すべての x に対して $ax^2 + bx + c > 0 \iff a > 0,\ D < 0$

[2] すべての x に対して $ax^2 + bx + c < 0 \iff a < 0,\ D < 0$

③ 放物線と x 軸の共有点（2次方程式の解）の存在範囲

2次関数 $y = ax^2 + bx + c$ のグラフと x 軸の共有点の x 座標 $\alpha,\ \beta$ $(\alpha \leq \beta)$ と，数 k との大小関係については，次の3つを調べるとよい。ただし，$f(x) = ax^2 + bx + c$ とする。

[1] $D = b^2 - 4ac$　　[2] 軸 $x = p$ の位置　　[3] $f(k)$ の符号

特に，$\alpha,\ \beta$ の正負（符号）を考えるときは，$k = 0$ の場合である。

$a > 0$ のとき

① $k < \alpha \leq \beta$（ともに k より大）$\iff D \geq 0,\ p > k,\ f(k) > 0$

② $\alpha < k < \beta$（k は α と β の間）$\iff f(k) < 0$

③ $\alpha \leq \beta < k$（ともに k より小）$\iff D \geq 0,\ p < k,\ f(k) > 0$

ただし，$p = -\dfrac{b}{2a}$

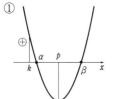　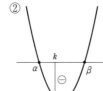　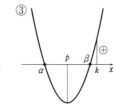

☐**37** 次の条件を満たすように，定数 $a,\ b$ の値を定めよ。

(1) $x^2 + ax + b > 0$ の解が $x < -3,\ 2 < x$ であるとき

$a = \boxed{}^{ア}$，$b = \boxed{}^{イ}$ である。

(2) $ax^2 + bx + 1 \geq 0$ の解が $-2 \leq x \leq 3$ であるとき

$a = \boxed{}^{ウ}$，$b = \boxed{}^{エ}$ である。

(3) 連立不等式 $\begin{cases} x^2 + ax + b \geq 0 \\ x^2 - 3x - 4 \leq 0 \end{cases}$ の解が $-1 \leq x \leq 1,\ 2 \leq x \leq 4$ であるとき，$a = \boxed{}^{オ}$，$b = \boxed{}^{カ}$ である。

ヒント (1), (2) 解から不等式を作る　　(3) まず，$x^2 - 3x - 4 \leq 0$ を解く

補 足

(1)
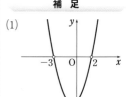

(3)
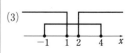

20

□**38** 2次関数 $y=x^2-2mx-m+6$ のグラフを C とする。

(1) グラフ C が x 軸と異なる2点で交わるような定数 m の値の範囲は ^{ア} [　　　　] である。

(2) グラフ C が x 軸の正の部分と異なる2点で交わるような定数 m の値の範囲は ^{イ} [　　　　] である。

(3) グラフ C が x 軸の正の部分と負の部分の両方で交わるような定数 m の値の範囲は ^{ウ} [　　　　] である。

ヒント (3) $f(x)=x^2-2mx-m+6$ とすると，$f(0)<0$ であればよい

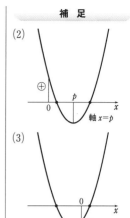

補 足

(2)

(3)

TRY 問題

□**39** a を正の定数として，$x^2-a^2<0$ …… (A)，

$x^2-x-6<0$ …… (B) とする。

「不等式(A)を満たすすべての x が，不等式(B)を満たす」

…… (*)

が成り立つような定数 a の値の範囲を考える。

不等式(A)の解は ^{ア} [　　　　　] であり，不等式(B)の

解は ^{イ} [　　　　] である。

これらの不等式(A)，(B)の解をそれぞれ1つの数直線上に図示したとき，条件(*)を満たしている図として適するものを，次の⓪〜②のうちから一つ選べ。^{ウ} [　　　]

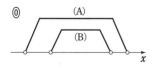

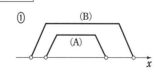

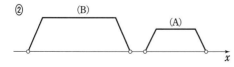

このとき，求める a の値の範囲は ^{エ} [　　　　　] である。

ヒント a が満たすべき不等式に等号がつくかどうかも考える

$x^2-a^2=(x+a)(x-a)$
$a>0$ より $-a<a$

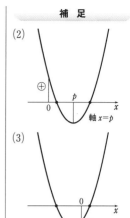

21

11 三角比の計算

数学 I

基本事項

三角比の基本性質と相互関係

[1] $\tan\theta=\dfrac{\sin\theta}{\cos\theta}$ $\qquad \sin^2\theta+\cos^2\theta=1 \qquad 1+\tan^2\theta=\dfrac{1}{\cos^2\theta}$

[2] $\begin{cases} \sin(90°-\theta)=\cos\theta \\[4pt] \cos(90°-\theta)=\sin\theta \\[4pt] \tan(90°-\theta)=\dfrac{1}{\tan\theta} \end{cases}$ $\begin{cases} \sin(90°+\theta)=\cos\theta \\[4pt] \cos(90°+\theta)=-\sin\theta \\[4pt] \tan(90°+\theta)=-\dfrac{1}{\tan\theta} \end{cases}$ $\begin{cases} \sin(180°-\theta)=\sin\theta \\[4pt] \cos(180°-\theta)=-\cos\theta \\[4pt] \tan(180°-\theta)=-\tan\theta \end{cases}$

☐**40** (1) $0°\leqq\theta\leqq90°$ のとき，$\sin\theta=\dfrac{1}{3}$ ならば，

$\cos\theta=\overset{ア}{\boxed{}}$，$\tan\theta=\overset{イ}{\boxed{}}$ である。

(2) $0°\leqq\theta\leqq180°$ のとき，$\tan\theta=-\dfrac{1}{2}$ ならば，

$\cos\theta=\overset{ウ}{\boxed{}}$，$\sin\theta=\overset{エ}{\boxed{}}$ である。

> **補足**
>
> (2) $\sin\theta=\tan\theta\cdot\cos\theta$

ヒント (2) $0°\leqq\theta\leqq180°$ において，$\tan\theta<0$ であるから，θ は鈍角である

☐**41** 次の値を求めよ。ただし，(3) では $0°<\theta<180°$ とする。

(1) $\tan140°\tan50°+\sin^2 70°+\sin^2 20°=\overset{ア}{\boxed{}}$

(2) $\sin80°+\cos110°+\sin160°+\cos170°=\overset{イ}{\boxed{}}$

(3) $\tan\theta=2$ のとき，$\dfrac{2}{1+\sin\theta}+\dfrac{2}{1-\sin\theta}=\overset{ウ}{\boxed{}}$ である。

ヒント (1)，(2) $90°-\theta$，$90°+\theta$，$180°-\theta$ の三角比を利用

☐**42** $0°\leqq\theta\leqq180°$ のとき，$y=\sin^2\theta+\cos\theta-1$ の最大値は $\overset{ア}{\boxed{}}$，

最小値は $\overset{イ}{\boxed{}}$ である。

> $y=(1-\cos^2\theta)+\cos\theta-1$

ヒント $\cos\theta=t$ とおくと，$0°\leqq\theta\leqq180°$ のとき $-1\leqq t\leqq1$ である

TRY 問題

□**43** ある日，太郎さんと花子さんのクラスでは，数学の授業で先生から次の問題が宿題として出された。

> 問題 (i) $90° < \theta < 180°$ において，$\cos\theta = -\dfrac{5}{13}$ のとき $\tan\theta$ の値を求めよ。
>
> (ii) $0° < \theta < 90°$ において，$\sin\theta = \dfrac{\sqrt{10}}{5}$ のとき $\cos\theta$ の値を求めよ。

次の日，2人はこの問題について，次のように話している。

太郎：(i) の答えは $\dfrac{12}{5}$，(ii) の答えは $\dfrac{\sqrt{35}}{5}$ になったよ。

花子：残念だけど，この答えはすぐに違うと気付けるよ…

太郎：え！どうして？

花子：(i) が違うとわかる理由は ^ア☐ だよ。

そして，(ii) が違うとわかる理由は ^イ☐ だよ。

太郎：なるほど！今みたいなことに気を付ければ，ミスを減らせるね。

花子さんは計算をせずに太郎さんの答えを見ただけで間違いに気付いている。

^ア☐，^イ☐ に当てはまるものを，次の解答群のうちから一つずつ選べ。

(ア)の解答群：

⓪ $90° < \theta < 180°$ において，$\tan\theta$ は $\cos\theta$ よりも常に小さい値になるから

① $90° < \theta < 180°$ において，$\tan\theta$ は負の値になるから

② $\tan\theta$ は常に -1 以上 1 以下の値になるから

③ $\cos\theta$ と $\tan\theta$ のどちらか 1 つは必ず無理数になるから

(イ)の解答群：

⓪ $0° < \theta < 180°$ において，$\sin\theta$ と $\cos\theta$ の符号は常に異なるから

① $0° < \theta < 90°$ において，$\cos\theta$ は負の値になるから

② $\cos\theta$ は常に -1 以上 1 以下の値になるから

③ $\sin\theta$ と $\cos\theta$ のどちらか 1 つは必ず有理数になるから

ヒント $\dfrac{\sqrt{35}}{5} = \sqrt{\dfrac{35}{25}}$ である

12 正弦定理・余弦定理

数学Ⅰ

基 本 事 項

① **正弦定理** △ABC の外接円の半径を R とすると

$$\frac{a}{\sin A}=\frac{b}{\sin B}=\frac{c}{\sin C}=2R$$

② **余弦定理**

$$\begin{cases} a^2=b^2+c^2-2bc\cos A \\ b^2=c^2+a^2-2ca\cos B \\ c^2=a^2+b^2-2ab\cos C \end{cases}$$

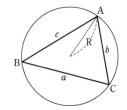

③ **三角形の辺と角の関係**

[1] 三角形の成立条件

$a<b+c$ かつ $b<c+a$ かつ $c<a+b$

すなわち $|b-c|<a<b+c$

[2] 辺と角の大小関係

(i) $a<b \iff A<B$

$a=b \iff A=B$

$a>b \iff A>B$

(ii) $A<90° \iff a^2<b^2+c^2$

$A=90° \iff a^2=b^2+c^2$

$A>90° \iff a^2>b^2+c^2$

□**44** △ABC において，次の値を求めよ。（R は外接円の半径）

(1) $A=45°$，$B=75°$，$c=3\sqrt{6}$ のとき

$a=\boxed{}^{ア}$，$R=\boxed{}^{イ}$

(2) $A=45°$，$b=\sqrt{2}$，$c=1+\sqrt{3}$ のとき

$a=\boxed{}^{ウ}$，$B=\boxed{}^{エ}{}°$，$C=\boxed{}^{オ}{}°$

ヒント (1) 正弦定理 (2) 正弦定理，余弦定理

補 足

問題によって正弦定理と余弦定理をうまく使い分ける。

□**45** △ABC において，$(a+b):(b+c):(c+a)=11:9:10$ である

とき $\sin A:\sin B:\sin C=\boxed{}^{ア}:\boxed{}^{イ}:\boxed{}^{ウ}$ である。

また，$\cos A=\boxed{}^{エ}$ である。

ヒント $a+b=11k$，$b+c=9k$，$c+a=10k$ とおく

$\dfrac{a}{\sin A}=\dfrac{b}{\sin B}=\dfrac{c}{\sin C}$

より

$\sin A:\sin B:\sin C$
$=a:b:c$

□**46** 円に内接する四角形 ABCD において AB＝8，BC＝3，CD＝5，
∠ABC＝60° のとき

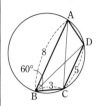

(1) AC＝^ア☐   (2) ∠ADC＝^イ☐°， AD＝^ウ☐

(3) 外接円の半径を R とすると R＝^エ☐

ヒント (2) 円に内接する四角形の対角の和は 180° である

TRY 問題

□**47** 太郎さんと花子さんが次の問題について話している。

問題 △ABC において，$a＝\sqrt{6}$，$b＝2$，$c＝\sqrt{3}-1$ のとき A，
B を求めよ。

太郎：まず，A は^ア☐定理を使えば求められるね。

((ア)には「正弦」「余弦」のいずれかが入る)

花子：計算したら $A＝$^イ☐° になったよ。

太郎：次に B を求めよう。

花子：正弦定理を使うと，答えは $B＝45°$，$135°$ の 2 つにな
ったよ。

太郎：僕は余弦定理を使って計算しているんだけど……
答えは $B＝45°$ になったよ。
どっちも計算は合っているはずなのに，どうして結果
が違うんだろう？

花子：そうか！よく考えたら私が間違えてたわ。正しい答え
は $B＝45°$ だけだね。
理由は $B＝135°$ とすると，
$A＋B＝$^ウ☐°^エ☐180° となってしまうからよ。

((エ)には不等号「>」「<」のいずれかが入る)

太郎：$a>b$ より A^オ☐B であるから，$B＝135°$ は間違
いということもできるね。

((オ)には不等号「>」「<」のいずれかが入る)

ヒント $B＝135°$ のときの図をかいてみると気付きやすい

正弦定理の方が速く計算
できるが，結果が 2 つ出
てきたときは，適するか
検討する必要がある。

三角形の 3 辺が分かって
いる場合は，計算が少し
大変だが，余弦定理を用
いると結果は 1 つに定ま
る。

25

13 図形と計量 数学Ⅰ

① △ABC の面積 S

外接円の半径を R，内接円の半径を r とすると

[1] $S=\dfrac{1}{2}ab\sin C=\dfrac{1}{2}bc\sin A=\dfrac{1}{2}ca\sin B$ （2辺とその間の角）

[2] $S=\dfrac{abc}{4R}$　　[3] $S=\dfrac{r}{2}(a+b+c)$

参考 $s=\dfrac{1}{2}(a+b+c)$ とすると　　$S=\sqrt{s(s-a)(s-b)(s-c)}$ （ヘロンの公式）

□**48** △ABC において，$c\sin A\cos B=a\sin B\cos C$ が成り立つとき，

　　　 △ABC は 〔ア〕 ▢ ＝〔イ〕 ▢ の二等辺三角形である。

　　　 ただし，（ア），（イ）には辺が入るものとする。

補　足

ヒント 正弦定理，余弦定理を用いて，辺の長さだけの関係式を作る

□**49** AB＝6，BC＝4，CA＝5 である △ABC において，∠ABC＝θ と

　　　 し，△ABC の面積，外接円，内接円の半径を，それぞれ，S，R，

　　　 r とするとき，次の値を求めよ。

　　　 (1) $\cos\theta=$ 〔ア〕 ▢　　　(2) $\sin\theta=$ 〔イ〕 ▢

　　　 (3) $S=$ 〔ウ〕 ▢　　　(4) $R=$ 〔エ〕 ▢　　　(5) $r=$ 〔オ〕 ▢

ヒント (2) (1)の結果と三角比の相互関係を利用

□**50** 円に内接する四角形 ABCD において，AB＝BC＝1，CD＝2，

　　　 DA＝3 である。∠ABC＝θ とし，四角形 ABCD の面積を S と

　　　 するとき，次の値を求めよ。

　　　 (1) $\cos\theta=$ 〔ア〕 ▢　　　(2) $S=$ 〔イ〕 ▢

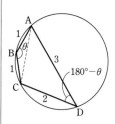

ヒント 対角線によって2つの三角形に分ける

☑**51** △ABC において，∠A の二等分線と辺 BC の交点を D とする。

∠A＝60°，AB＝10，AC＝15 であるとき

補 足

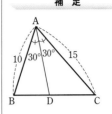

(1) BC＝^ア☐ と BD：DC＝^イ☐：^ウ☐ から

BD＝^エ☐ である。

(2) AD＝x とする。次の面積を x を用いて表すと

△ABD＝^オ☐，△ACD＝^カ☐ である。

また，△ABC の面積は^キ☐ であるから AD＝^ク☐

である。

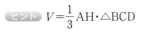 AD が頂角 A の二等分線 ⟶ AB：AC＝BD：DC

TRY 問題

☑**52** 太郎さんと花子さんが次の問題について話している。

問題 1辺の長さが1の正四面体 ABCD の体積 V を求めよ。

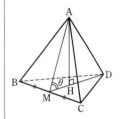

> 太郎：頂点 A から平面 BCD に垂線 AH を下ろすと，H は
> 正三角形 BCD の重心になるね。
>
> 花子：ということは，辺 BC の中点を M とすると，H は線
> 分 DM 上にあることがわかるよ。
>
> 太郎：∠AMD＝θ とすると，AM＝MD＝^ア☐ だから
>
> $\cos\theta＝$^イ☐，$\sin\theta＝$^ウ☐ だね。
>
> 花子：線分 AH の長さは AM と θ を用いて
>
> AH＝^エ☐ と表せるから，計算すると
>
> AH＝^オ☐ とわかるね。
>
> 太郎：つまり，求める体積 V は $V＝$^カ☐ となるね。

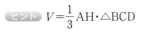 $V＝\dfrac{1}{3}$AH・△BCD

基 本 事 項

① **データの代表値**

[1] **平均値**　変量 x についてのデータの値が，n 個の値 x_1, x_2, ……, x_n であるとき，それらの総和を n で割ったもの

$$\bar{x}=\frac{1}{n}(x_1+x_2+\cdots\cdots+x_n)$$

[2] **中央値**（メジアン）　データを値の大きさの順に並べたとき，中央の位置にくる値

[3] **最頻値**（モード）　データにおいて最も個数の多い値

② **データの散らばりと四分位範囲**

[1] **範囲**　データの最大値と最小値の差

[2] **四分位数**　データを値の大きさの順に並べたとき，4 等分する位置にくる値

[3] **四分位範囲**　第 3 四分位数から第 1 四分位数を引いたもの

[4] **四分位偏差**　四分位範囲を 2 で割った値

[5] **箱ひげ図**

Q_1：第 1 四分位数
Q_3：第 3 四分位数

最小値　Q_1　中央値　Q_3　最大値

☐**53**　次のデータは，2 個のさいころを 10 回同時に投げたときの出た目の和である。

$$7,\ 8,\ 7,\ 3,\ 5,\ 10,\ 8,\ 4,\ 9,\ a$$

このデータの平均値が 6.9 であるとき，$a=$ ⁀☐ であり，中央値は ⁀☐ ，最頻値は ⁀☐

補　足

データを大きさの順に並べ替えると，中央値と最頻値が考えやすい。

ヒント データの大きさが偶数のとき，中央値は中央に並ぶ 2 つの値の平均値

☐**54**　右のヒストグラムは，ある野球チームが 20 試合したときの得点をまとめた結果である。

このデータの平均値は ⁀☐ 点，中央値は ⁀☐ 点，最頻値は ⁀☐ 点である。

(試合)

ヒント 中央値は，得点の小さい方から 10 試合目と 11 試合目の得点の平均値

補足
第1四分位数 Q_1 は下位
データの中央値
第3四分位数 Q_3 は上位
データの中央値
四分位範囲は $Q_3 - Q_1$
四分位偏差は $\dfrac{Q_3 - Q_1}{2}$

☐**55** 次のデータは，A市とB市のひと月に降水量が5mmを超えた日数を調べたものである。

月	1	2	3	4	5	6	7	8	9	10	11	12
A市	5	6	10	10	10	12	10	13	11	9	5	4
B市	4	5	8	9	8	13	11	12	11	7	6	5

(単位は日)

A市の四分位範囲は^ア☐日，四分位偏差は^イ☐日である。

A市，B市それぞれの四分位範囲を比較すると，^ウ☐市の方がデータの散らばりの度合いが大きいと考えられる。

ヒント 四分位範囲が大きいほどデータの散らばりの度合いが大きいと考えられる

TRY 問題

☐**56** 右の図は，ある小学校の6年生70人に実施した国語，算数，社会のテストの得点を，箱ひげ図にしたものである。太郎さんと花子さんがこの図について話している。

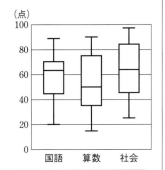

ひげの両端の長さは範囲，箱の長さは四分位範囲を表す。

太郎：四分位範囲が最も小さい教科は^ア☐だね。

花子：80点以上の生徒が18人以上いる教科は^イ☐ね。

太郎：算数は，この中で唯一^ウ☐教科といえるね。

^ウ☐に当てはまるものを，次の⓪〜③のうちから二つ選べ。

 ⓪ 20点未満の生徒がいる

 ① 20点をとった生徒がいる

 ② 平均点が60点より低い

 ③ 40点以下の生徒が18人以上いる

ヒント テストを受けた人数は70人であるから，第3四分位数は，点数の高い方から18番目の得点である

15 データの分析 (2)

 基 本 事 項

① **分散と標準偏差**

[1] **偏差** データの各値 x_k と平均値 $\overline{x}$ との差 $x_k-\overline{x}$ $(k=1,\ 2,\ \cdots\cdots,\ n)$

[2] **分散** 偏差の 2 乗の平均値

$$s^2=\frac{1}{n}\{(x_1-\overline{x})^2+(x_2-\overline{x})^2+\cdots\cdots+(x_n-\overline{x})^2\}$$

$(x\ \text{のデータの分散})=(x^2\ \text{のデータの平均値})-(x\ \text{のデータの平均値})^2$

[3] **標準偏差** 分散の正の平方根

$$s=\sqrt{\frac{1}{n}\{(x_1-\overline{x})^2+(x_2-\overline{x})^2+\cdots\cdots+(x_n-\overline{x})^2\}}$$

② **データの相関**

[1] **相関関係** 2 つの変量のデータにおいて，一方が増えると他方が増える(減る)傾向が認められるとき，2 つの変量の間に正の(負の)相関関係があるという。

[2] **共分散** x の偏差と y の偏差の積 $(x_k-\overline{x})(y_k-\overline{y})$ の平均値 $(k=1,\ 2,\ \cdots\cdots,\ n)$

$$s_{xy}=\frac{1}{n}\{(x_1-\overline{x})(y_1-\overline{y})+(x_2-\overline{x})(y_2-\overline{y})+\cdots\cdots+(x_n-\overline{x})(y_n-\overline{y})\}$$

[3] **相関係数** x と y の共分散 s_{xy} を，x の標準偏差 s_x と y の標準偏差 s_y の積 $s_x s_y$ で割った量

$$r=\frac{s_{xy}}{s_x s_y}=\frac{\dfrac{1}{n}\{(x_1-\overline{x})(y_1-\overline{y})+(x_2-\overline{x})(y_2-\overline{y})+\cdots\cdots+(x_n-\overline{x})(y_n-\overline{y})\}}{\sqrt{\dfrac{1}{n}\{(x_1-\overline{x})^2+\cdots\cdots+(x_n-\overline{x})^2\}}\sqrt{\dfrac{1}{n}\{(y_1-\overline{y})^2+\cdots\cdots+(y_n-\overline{y})^2\}}}$$

$$=\frac{(x_1-\overline{x})(y_1-\overline{y})+(x_2-\overline{x})(y_2-\overline{y})+\cdots\cdots+(x_n-\overline{x})(y_n-\overline{y})}{\sqrt{\{(x_1-\overline{x})^2+\cdots\cdots+(x_n-\overline{x})^2\}\{(y_1-\overline{y})^2+\cdots\cdots+(y_n-\overline{y})^2\}}}$$

ただし $-1\leqq r\leqq 1$

□**57** 次のデータは，ある数学の問題を解いた 8 人の生徒について，解くのにかかった時間 x(分)である。

$$12,\ 9,\ 15,\ 11,\ 8,\ 12,\ 11,\ 10$$

(1) このデータの平均値 $\overline{x}$ は $^{\mathcal{T}}\boxed{}$ 分である。

(2) このデータの分散 s^2 は $^{\mathcal{A}}\boxed{}$，標準偏差 s は $^{\mathcal{D}}\boxed{}$ 分である。

ヒント (2) 基本事項 ① [2] 参照

☐**58** 15 個の値からなるデータがあり, そのうちの 6 個の値の平均値は 3, 分散は 4, 残りの 9 個の値の平均値は 8, 分散は 9 である。

このデータの平均値は ァ☐, 分散は ィ☐ である。

ヒント (n 個のデータの和)＝平均値×n, $s^2=\overline{x^2}-(\overline{x})^2$ より $\overline{x^2}=s^2+(\overline{x})^2$

TRY 問題

☐**59** 下の表は, ある都市の 5 月のある 10 日間の最高気温 x(℃)と最低気温 y(℃)を調べた結果である。

平均値

x	21	24	18	22	17	20	18	26	24	30	22
y	19	14	14	13	14	12	16	14	14	20	15

(単位は℃)

太郎さんと花子さんは結果を分析するために, 下の表を作成した。

合計

	21	24	18	22	17	20	18	26	24	30	220
x	21	24	18	22	17	20	18	26	24	30	220
y	19	14	14	13	14	12	16	14	14	20	150
$x-\overline{x}$	-1	2	-4	0	-5	ァ☐	-4	4	2	8	0
$y-\overline{y}$	4	-1	-1	-2	-1	-3	1	-1	-1	5	0
$(x-\overline{x})^2$	1	4	16	0	25	ィ☐	16	16	4	64	150
$(y-\overline{y})^2$	16	1	1	4	1	9	1	1	1	25	60
$(x-\overline{x})(y-\overline{y})$	-4	-2	4	0	5	ゥ☐	-4	-4	-2	40	39

太郎：$\sqrt{10}=3.16$ として, 小数第 3 位を四捨五入すると, x と y の相関係数 r は ェ☐ だね。

花子：あ！もう 1 日分調べた結果があったのを忘れてた！
せっかく相関係数を計算したのに, やり直しだね……

太郎：追加する結果はどんなデータなの？

花子：追加の結果は最高気温が 22℃, 最低気温が 15℃ だよ。

太郎：ということは, 相関係数の値は ォ☐ ね。

ォ☐ に当てはまるものを, 次の ⓪ ～ ② のうちから一つ選べ。

  ⓪ 増加する   ① 減少する   ② 変わらない

ヒント 新たに追加した結果は元のデータの平均値と一致している

16 集合の要素の個数   数学A

基 本 事 項

有限集合 X の要素の個数を $n(X)$ と書く。

① 和集合の要素の個数

$n(A \cup B) = n(A) + n(B) - n(A \cap B)$

特に $A \cap B = \varnothing$ のとき

$n(A \cup B) = n(A) + n(B)$

$n(A \cup B \cup C) = n(A) + n(B) + n(C)$
$\qquad\qquad - n(A \cap B) - n(B \cap C) - n(C \cap A)$
$\qquad\qquad + n(A \cap B \cap C)$

特に $A \cap B = B \cap C = C \cap A = \varnothing$ のとき

$n(A \cup B \cup C) = n(A) + n(B) + n(C)$

② 補集合の要素の個数（U は全体集合）

$n(\overline{A}) = n(U) - n(A)$

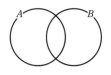

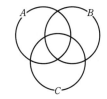

□**60** 50 人の生徒に数学と英語の試験を行ったところ数学の合格者は 20 人，英語の合格者は 35 人で，2 科目とも不合格であった者は，8 人であった。

(1) 2 科目とも合格した者は $^{ア}\boxed{}$ 人である。

(2) 1 科目だけ合格した者は $^{イ}\boxed{}$ 人である。

ヒント 50 人の生徒を全体集合 U とし，数学，英語の合格者の集合をそれぞれ A，B とすると，求める人数は

(1) $n(A \cap B)$ (2) $n(A \cap \overline{B}) + n(\overline{A} \cap B)$

補 足

$n(A \cap B) = n(A) + n(B)$
$\qquad\qquad - n(A \cup B)$
$n(A \cap \overline{B}) = n(A) - n(A \cap B)$
$n(\overline{A} \cap B) = n(B) - n(A \cap B)$

□**61** 100 以上 200 以下の自然数について

(1) 4 の倍数は $^{ア}\boxed{}$ 個ある。

(2) 7 の倍数でない数は $^{イ}\boxed{}$ 個ある。

(3) 4 または 7 の倍数は $^{ウ}\boxed{}$ 個ある。

(4) 4 の倍数であるが 7 の倍数でない数は $^{エ}\boxed{}$ 個ある。

ヒント 100 以上 200 以下の自然数を全体集合 U とし，4，7 の倍数の集合を，それぞれ A，B とすると，求める個数は

(1) $n(A)$ (2) $n(\overline{B})$ (3) $n(A \cup B)$ (4) $n(A \cap \overline{B})$

・自然数 k の倍数の集合 例えば，

$A = \{k \cdot 10,\ k \cdot 11,\ \cdots,\ k \cdot 20\}$

のとき

$n(A) = 20 - 10 + 1 = 11$

☑**62** 1から100までの自然数について

(1) 2でも3でも割り切れる数は^ア□個ある。

(2) 3または5で割り切れる数は^イ□個ある。

(3) 2，3，5の少なくとも1つで割り切れる数は^ウ□個ある。

ヒント (3) 1から100までの自然数における2，3，5で割り切れる数の集合を，それぞれ A, B, C とすると，求める個数は $n(A \cup B \cup C)$

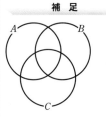

補　足

A：2の倍数
B：3の倍数
C：5の倍数

☑**63** 全体集合 U と，その部分集合 A，B に対して $n(U)=80$，$n(A \cup B)=68$，$n(A \cap B)=15$，$n(\overline{A} \cap B)=30$ であるとき，$n(\overline{A} \cap \overline{B})=$^ア□，$n(A \cap \overline{B})=$^イ□である。

ヒント $n(A \cap \overline{B})=n(A \cup B)-n(A \cap B)-n(\overline{A} \cap B)$

TRY 問題

☑**64** 海外旅行者60人に，アメリカとカナダに旅行したことがあるかアンケート調査を行ったところ，アメリカに旅行したことのある者が42人，カナダに旅行したことのある者が33人であった。このとき，アメリカにもカナダにも旅行したことがある者の人数が最大となるときの図として最も適切なものを，次の⓪〜②のうちから一つ選べ。^ア□

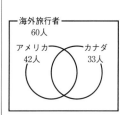

海外旅行者
60人

アメリカ
42人　　カナダ
33人

⓪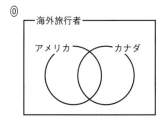

①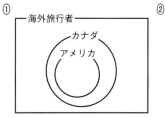

②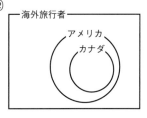

また，アメリカにもカナダにも旅行したことがある者の人数は最小で^イ□人である。

ヒント 海外旅行者60人の集合を全体集合 U とし，アメリカ，カナダに旅行したことのある者の集合を A, B とする。$n(A \cap B)$ が最小となるのは $A \cup B = U$ のときである

17　順　列

① **順列**

異なる n 個のものから r 個取って

1 列に並べる順列の総数は

$$_nP_r = n(n-1)(n-2)\cdots\cdots(n-r+1)$$

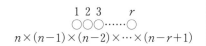

② **円順列**

異なる n 個のものを環状に並べて

できる順列の総数は

$$(n-1)!$$

③ **重複順列**

異なる n 個のものから，重複を許して

r 個並べる順列の総数は

$$n^r$$

□**65** 男子 4 人と女子 3 人が 1 列に並ぶとする。

(1) 並び方の総数は $^{ア}\boxed{}$ 通りある。

(2) 男子の中の A さんと女子の中の B さんが隣り合う並び方は $^{イ}\boxed{}$ 通りある。

(3) 女子が隣り合わない並び方は $^{ウ}\boxed{}$ 通りある。

ヒント (2) 隣り合う 2 人を 1 人と考える
(3) 女子 3 人を男子の間および両端の 5 か所に 1 人ずつ配置する

補　足

(2) 隣り合う 2 人は AB，BA の 2 通りの並び方がある。

(3) 男子は隣り合ってもよい。

□**66** 男子 3 人，女子 4 人が輪の形に並ぶものとする。

(1) 全部で並び方は $^{ア}\boxed{}$ 通りある。

(2) 男子 3 人が皆隣り合う並び方は $^{イ}\boxed{}$ 通りある。

(3) 特定の男子 a と，特定の女子 b が隣り合って輪になる並び方は $^{ウ}\boxed{}$ 通りである。

(4) 男子が隣り合わない並び方は $^{エ}\boxed{}$ 通りある。

ヒント (2) 男子 3 人を 1 人と考える

(3)

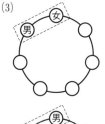

☐67 0，1，2，3，4 の数字を用いて

補 足

・4桁の自然数

↑□□□
0 は除く

(1) 各桁の数字が異なる 4 桁の自然数を作ると ア[　　] 個ある。

そのうち偶数であるものは イ[　　] 個ある。

また，5 の倍数であるものは ウ[　　] 個ある。

(2) 各桁の数字が同じ場合も許して 4 桁の自然数を作ると

エ[　　] 個ある。また，そのうち 3400 以上の数は オ[　　] 個

ある。

ヒント (1) 偶数 —→ 一の位の数に注目　　(2) 重複順列

☐68

(1) 6 人を A，B 2 つの部屋に入れる入れ方は ア[　　] 通りある。

ただし，空部屋は作らないものとする。

(2) 6 人を 2 つの部屋に入れる入れ方は イ[　　] 通りある。

ただし，空部屋は作らないものとする。

ヒント (1) 6 人はそれぞれ A，B の 2 通りの入り方がある

2^6 通りの中には，A，B
が空部屋になる場合がそ
れぞれ 1 通りずつある。

TRY 問題

☐69 S, H, I, K, E, N の 6 文字をすべて並べてできる文字列をアルファベット順の辞書式に配列する。

(1) 1 番目の文字列は ア[　　　　　] である。

(2) 文字列を辞書式に並べたとき，次の⓪～③は出てくるのが早い順に イ[　　　] である。

　　⓪　IKSENH　　　　　　①　KEHSIN

　　②　KEINHS　　　　　　③　IKSHEN

(3) HKNEIS と HKNSEI の間にある文字列は ウ[　　] 個ある。

(4) 200 番目の文字列は エ[　　　　] である。

(5) SHIKEN は オ[　　] 番目となる。

ヒント (5) E, H, I, K, N から始まるものは $_5P_5=120$ (個)ずつある

アルファベット順の辞書
式に配列するとは，2 つ
の文字列に対して，先頭
の文字から順に比べて，
最初に異なる文字がきた
ら，その 2 つの文字につ
いて，アルファベット順
で先にあるものを含む文
字列を，先に並べる配列
の仕方である。

(4) E から始まるもの，
HE から始まるものと順
次調べていく。

18 組 合 せ

数学A

 基 本 事 項

① **組合せ** n 個の異なるものから r 個取る組合せの総数は $\quad {}_n\mathrm{C}_r=\dfrac{{}_n\mathrm{P}_r}{r!}=\dfrac{n!}{r!\,(n-r)!}\quad (0\leqq r\leqq n)$

② **${}_n\mathrm{C}_r$ の性質** [1] ${}_n\mathrm{C}_r={}_n\mathrm{C}_{n-r}$ [2] ${}_n\mathrm{C}_r={}_{n-1}\mathrm{C}_r+{}_{n-1}\mathrm{C}_{r-1}\quad(1\leqq r\leqq n-1)$

③ **同じものを含む順列**

n 個のうち, p 個が同じもの, q 個が他の同じもの, r 個が更に他の同じもの, ……であるとき, それら n 個のもの全部を並べて作った順列の総数は $\quad\dfrac{n!}{p!\,q!\,r!\cdots\cdots}\quad(n=p+q+r+\cdots\cdots)$

補 足

☑**70** 男子4人, 女子6人の中から4人の委員を選ぶとき

(1) 全部で選び方は ^ア□ 通りある。

(2) 男子3人, 女子1人の委員を選ぶ方法は ^イ□ 通りある。

(3) 特定の2人aとbが必ず選ばれる方法は ^ウ□ 通りある。

ヒント (3) 特定の2人は選ばれるから, 除いて考える

☑**71** 正十二角形の頂点のうち, 3つの頂点を結んでできる三角形について, 三角形は全部で ^ア□ 個あり, そのうち正十二角形と辺を共有しない三角形は ^イ□ 個ある。

ヒント 3つの頂点の組合せ1つに対し, 三角形は1つ

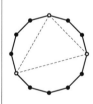

☑**72** 白玉4個と黒玉5個を1列に並べるとき, 次の並べ方は何通りあるか。ただし, 同じ色の玉は区別できないものとする。

(1) 並べ方の総数は ^ア□ 通り。

(2) 両端の玉の色が異なる並べ方は ^イ□ 通り。

(3) どの2つの白玉も隣り合わない並べ方は ^ウ□ 通り。

ヒント (3) 隣り合わないものは, 後から間または両端に入れる

(2)

(3)

☑**73** 図のような道をAからBへ最短距離で行くとする。

(1) 道順の総数は^ア□□□通りある。

(2) Cを通る道順の数は^イ□□□通りある。

(3) Dを通らない道順の数は^ウ□□□通り
ある。

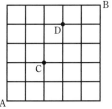

(ヒント) (2) A ——→ C，C ——→ B と分けて考える

☑**74** FUKUOKA の7文字を1列に並べて順列を作る。

(1) 順列の総数は^ア□□□個ある。

(2) UU と KK という並びをともに含むものは^イ□□□個ある。

(ヒント) (2) UU，KK を1個の文字と考える

TRY 問題

☑**75** 太郎さんと花子さんが次の問題について話している。

問題 (i) 6人を X の組に2人，Y の組に2人，Z の組に2人
となるように3組に分ける分け方は何通りあるか。

(ii) 6人を2人ずつ3組に分ける分け方は何通りあるか。

花子：(i)の答えは^ア□□□通りだね。(ii)も同じではダメかな。

太郎：(i)では2人のペアが同じでも X，Y，Z の組によって
区別されていたけれど，(ii)では同じ分け方になるよ。

花子：ということは，(ii)の分け方の通り数は，(i)の分け方の
総数を^イ□□□で割って，^ウ□□□通りが答えだね。

6人を A，B，C，D，E，
F として，X(A，B) で
A と B を X の組に入れ
ることを表すとする。
(ii)では X，Y，Z の区別
がないため，(i)における
X(A，B)，Y(C，D)，
Z(E，F) という分け方
と X(C，D)，Y(A，B)，
Z(E，F) という分け方
は同じ分け方になる。

^イ□□□ に当てはまるものを，次の⓪～③のうちから一つ選べ。

⓪ 2　　　① 2!　　　② 3　　　③ 3!

(ヒント) (ii) 3組の並べ方だけ同じものがある

19 確率の計算

数学A

基本事項

① 確率とその基本性質

[1] **定義** $\dfrac{\text{事象 } A \text{ の起こる場合の数}}{\text{起こりうるすべての場合の数}}$　$P(A)=\dfrac{n(A)}{n(U)}$

[2] **基本性質**　$0 \leqq P(A) \leqq 1$,　$P(U)=1$,　$P(\varnothing)=0$　（$\varnothing$：空事象）

[3] **加法定理**　$P(A \cup B)=P(A)+P(B)-P(A \cap B)$

　　特に，事象 A と B が排反（$A \cap B = \varnothing$）のとき　　$P(A \cup B)=P(A)+P(B)$

[4] **余事象の確率**　$P(\overline{A})=1-P(A)$

② 独立試行の確率

2つの独立な試行S，Tにおいて，Sでは事象 A が起こり，Tでは事象 B が起こるという事象を C とすると，事象 C の起こる確率は　　$P(C)=P(A) \cdot P(B)$

③ 反復試行の確率

1回の試行で事象 A の起こる確率を p とする。この試行を n 回行うとき，事象 A がちょうど r 回起こる確率は　　${}_n\mathrm{C}_r p^r q^{n-r}$　ただし　$q=1-p$

④ 条件付き確率　ある試行における2つの事象を A，B とし，$P(A) \neq 0$ とする。

[1] 事象 A が起こったときに事象 B が起こる確率は　　$P_A(B)=\dfrac{P(A \cap B)}{P(A)}$

[2] **乗法定理**　2つの事象 A，B がともに起こる確率は　　$P(A \cap B)=P(A)P_A(B)$

☐**76** 2つのさいころを同時に投げるとき

(1) 出る目の和が6になる確率は $\overset{ア}{\boxed{}}$ である。

(2) 出る目の和が素数になる確率は $\overset{イ}{\boxed{}}$ である。

(3) 出る目の積が偶数になる確率は $\overset{ウ}{\boxed{}}$ である。

ヒント (3) 余事象の確率

☐**77** A，B，Cの3人でジャンケンを1回だけ行う。

(1) 勝者が1人決まる確率は $\overset{ア}{\boxed{}}$ である。

(2) Aだけが負ける確率は $\overset{イ}{\boxed{}}$ である。

(3) 誰も勝たない確率は $\overset{ウ}{\boxed{}}$ である。

ヒント (3) 3人とも同じ手を出す，または3人とも異なる手を出す場合である

補足

起こりうるすべての場合の数は 6^2 通り。

起こりうるすべての場合の数は 3^3 通り。

☐**78** 赤玉3個，白玉3個，青玉3個が入っている袋の中から同時に玉を3個取り出すとき

(1) 3個とも異なる色である確率は ^ア☐

(2) 少なくとも2個が同じ色である確率は ^イ☐

ヒント (2) 余事象を考える

☐**79** 1枚の硬貨を6回投げるとき

(1) 表がちょうど2回出る確率は ^ア☐

(2) 表が5回以上出る確率は ^イ☐

ヒント (2) 表が5回または6回出る

TRY 問題

☐**80** 太郎さんと花子さんが次の問題について話している。

問題 5本中2本が当たりであるくじAと，7本中3本が当たりであるくじBがある。両方のくじを1本ずつ引くとき，

(i) 1本だけが当たりである確率は☐である。

(ii) 少なくとも1本当たりを引く確率は☐である。

太郎：(i)の答えは ^ア☐ だね。

花子：(ii)は「少なくとも1本」とあるから，余事象を考えれば，

1－「A，Bの両方から ^イ☐ を引く確率」

を計算すればいいね。

太郎：僕は(i)の答えに，「A，Bの両方から ^ウ☐

を引く確率」を足せばよいと考えたよ。

((イ)，(ウ)には「当たり」「はずれ」のいずれかが入る)

花子：なるほど！どちらの方法でも正しく求められて，(ii)の答えは ^エ☐ となるね。

ヒント 全事象を U，くじAで当たりを引くという事象を A，くじBで当たりを引くという事象を B とすると，太郎さんの考え方は，(i)を利用して $P(A \cup B) = P(A \cap \overline{B}) + P(\overline{A} \cap B) + P(A \cap B)$ とする考え方である

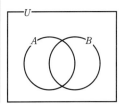

20 三角形の外心，内心，重心　　数学A

基本事項

① **三角形の角の二等分線**

△ABC の ∠A の二等分線が辺 BC と交わる点を D とするとき

$$AB : AC = BD : DC$$

参考　AB≠AC のとき，頂角 A の外角の二等分線についても，二等分線と辺 BC の延長が交わる点を D とすれば，AB：AC＝BD：DC が成り立つ。

② **三角形の外心**

三角形の 3 辺の垂直二等分線は 1 点で交わり，三角形の外接円の中心となる。この点を外心という。

③ **三角形の内心**

三角形の 3 つの内角の二等分線は 1 点で交わり，三角形の内接円の中心となる。この点を内心という。

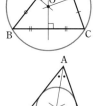

④ **三角形の重心**

三角形の 3 本の中線は 1 点で交わり，その点は各中線を 2：1 に内分する。この点を重心という。

⑤ **チェバの定理・メネラウスの定理**

[1] チェバの定理　$\dfrac{BP}{PC} \cdot \dfrac{CQ}{QA} \cdot \dfrac{AR}{RB} = 1$

[2] メネラウスの定理　$\dfrac{BP}{PC} \cdot \dfrac{CQ}{QA} \cdot \dfrac{AR}{RB} = 1$

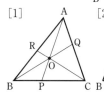

□**81**　△ABC において，AB＝12，BC＝9，CA＝4 とする。

∠BAC の二等分線が辺 BC と交わる点を D とするとき，

BD：DC＝^ア☐：^イ☐ であり，BD＝^ウ☐ である。

また，辺 BA を A の側に延長して半直線 AE を引き，∠CAE の二等分線が辺 BC の延長と交わる点を F とするとき，

CF＝^エ☐ であり，$\sqrt{AD^2 + AF^2} = $ ^オ☐ である。

補　足

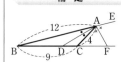

ヒント BD：DC＝AB：AC

40

□**82** △ABC の外心を O, △A′B′C′ の内心を I とするとき, 右の図の角について,

$x=$ ^ア☐°, $y=$ ^イ☐°, $z=$ ^ウ☐°,

$w=$ ^エ☐° である。

ただし, 点 D は A′I と B′C′ の交点とする。

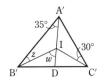

ヒント 同じ弧に対する中心角と円周角の関係を用いる

補 足

OB＝OC から
∠OBC＝∠OCB

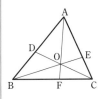

□**83** △ABC の内心を I とし, BC＝7, AB＝5, AC＝3 であるとき, 線分 AI の延長と辺 BC の交点を K とする。

このとき, AI：AK＝^ア☐：^イ☐ である。

ヒント 内心は三角形の 3 つの内角の二等分線の交点

□**84** △ABC の辺 AB を 3：2 に内分する点を D, 辺 AC を 2：1 に内分する点を E とする。線分 BE と線分 CD の交点を O とし, 直線 AO と辺 BC の交点を F とするとき,

BF：FC＝^ア☐：^イ☐, FO：OA＝^ウ☐：^エ☐

であり, △OFC の面積は, △ABC の面積の^オ☐ 倍である。

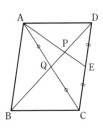

ヒント 高さが等しい 2 つの三角形の面積比は, 底辺の比に等しい

TRY 問題

□**85** 太郎さんと花子さんが次の問題について話している。

問題 平行四辺形 ABCD（AB＞AD）の辺 CD 上の中点を E とし, 線分 BD と線分 AE, AC との交点をそれぞれ P, Q とするとき, DP：PQ：QB を求めよ。

太郎：P は △ACD の^ア☐ 心であることがわかるね。

　（(ア)には「外」「内」「重」のいずれかが入る）

花子：平行四辺形 ABCD において,

　　DQ：QB＝^イ☐：^ウ☐ だから,

　　DP：PQ：QB＝^エ☐：^オ☐：^カ☐ だね。

ヒント CE＝ED, AQ＝QC である

21　円に内接する四角形

数学A

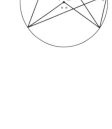

基本事項

① **円周角の定理**

　1つの弧に対する円周角の大きさは一定であり，その弧に対する中心角の大きさの半分である。

② **円周角と弧の長さ**　1つの円において

　[1] 等しい円周角に対する弧の長さは等しい。

　[2] 長さの等しい弧に対する円周角は等しい。

③ **円周角の定理の逆**

　2点 P，Q が直線 AB について同じ側にあるとき，∠APB＝∠AQB ならば，

　4点 A，B，P，Q は1つの円周上にある。

④ **円に内接する四角形の性質**

　[1] 対角の和は $180°$ である。

　[2] 内角は，その対角の外角に等しい。

⑤ **四角形が円に内接するための条件**

　[1] 1組の対角の和が $180°$

　[2] 内角が，その対角の外角に等しい。

☑**86** 下の図において，x を求めよ。

補　足

(1) 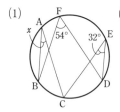　(2) 　(3)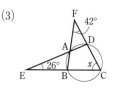

点 O は円の中心

　$x=$ ｱ ◻️°

　$x=$ ｲ ◻️°

$x=$ ｳ ◻️°

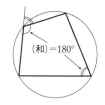

ヒント (3) ∠EDC＝∠FAD＋∠AFD

☑**87** 鋭角三角形 ABC が円 O に内接している。円 O 上の点 C を含まない $\overset{\frown}{AB}$ 上に，$\overset{\frown}{AD}＝\overset{\frown}{DE}＝\overset{\frown}{EB}$ となるように2点 D，E をとる。また，直線 AD と BE の交点を F とする。このとき，

　∠ACB＝$84°$ ならば，∠DFE＝◻️ °である。

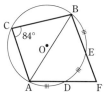

ヒント 弧の長さの比と円周角の比は等しい

42

TRY 問題

補 足

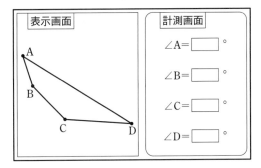

☑**88**　太郎さんと花子さんが，コンピュータソフトを使って表示させた図形の性質について話している。

このソフトは，左側の表示画面では，任意の場所をクリックしてその場所に点を打ったり，点を選択してその点を通る線分や円を作図したりすることができる。また，右側の計測画面では，線分の長さや角の大きさを表示させることができる。

太郎さんと花子さんは右上の図のように，まず表示画面に 4 点 A，B，C，D を打ち，四角形 ABCD を表示させ，次に計測画面に ∠A，∠B，∠C，∠D の大きさを表示させた。

> 太郎：四角形 ABCD が円に内接するかどうか調べたいんだけど，3 点 A，B，C を通る円を作図しようとしても，「表示画面からはみ出すので表示できません」というエラーになって，うまく調べられないよ。
>
> 花子：円を実際に表示させなくても，調べる方法はないかな。
>
> 太郎：そういえば，ア□□□ が成り立てば，四角形 ABCD は円に内接するとわかるね。
>
> 花子：なるほど！他にはどんな方法があるかな。

(1) ア□□□ に当てはまるものを，次の⓪～②のうちから一つ選べ。

    ⓪　∠A＋∠D＝90°　　　　①　∠B＋∠D＝180°

    ②　∠C＋∠D＝180°

(2) 波下線部について，四角形 ABCD が円に内接するかどうか調べる方法として正しいものを，次の⓪～③のうちから二つ選べ。イ□□□

    ⓪　∠A の外角を表示させ，∠C と等しいかどうか調べる。

    ①　∠B の外角を表示させ，∠C と等しいかどうか調べる。

    ②　∠BAC と ∠BDA を表示させ，等しいかどうか調べる。

    ③　∠BAC と ∠BDC を表示させ，等しいかどうか調べる。

ヒント (2) 四角形が円に内接するための条件や，円周角の定理の逆を利用する

43

基 本 事 項

① **円の接線**

[1] 円 O の周上の点 A を通る直線 ℓ について

直線 ℓ は点 A で円 O に接する $\Longleftrightarrow$ OA$\perp\ell$

[2] 円の外部の 1 点からその円に引いた 2 本の接線について，

2 本の接線の長さは等しい。

PA＝PB

② **接線と弦の作る角**

円 O の弦 AB と，その端点 A における接線 AT が作る角 ∠BAT は，
その角の内部に含まれる弧 AB に対する円周角 ∠ACB に等しい。

☐**89** 下の図において，x を求めよ。

　補　足

(1)
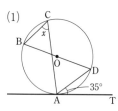

AT は円の接線，
点 O は中心

$x=$ ア ☐ °

(2)

PA，PB は円
の接線

$x=$ イ ☐ °

(3)
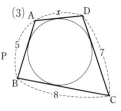

AB，BC，CD，
DA は円の接線

$x=$ ウ ☐

ヒント (3) AB と円の接点を P とし，AP＝a とおいて考える

☐**90** △ABC の内接円が辺 BC，CA，AB と
接する点をそれぞれ D，E，F とする。
BC＝5，CA＝3，AB＝4 とし，内接円
の半径を r とすると，$r=$ ア ☐ ，

BD＝ イ ☐ ，CE＝ ウ ☐ である。

内接円の中心を I とし，
四角形 AFIE の形状に
着目する。

ヒント $3^2+4^2=5^2$ より ∠A＝90°

TRY 問題

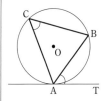

☑**91** 太郎さんは数学の授業で，円の接線と弦の作る角についての次の
定理を学習した。

> 定理 円 O の弦 AB と，その端点 A における接線 AT が作る
> 角 ∠BAT は，その角の内部に含まれる弧 AB に対する
> 円周角 ∠ACB に等しい。

太郎さんのノート

証明 [1] ∠BAT が直角の場合

AB は直径であるから

$$∠ACB = \boxed{}^{ア}{}°$$

よって ∠BAT＝∠ACB

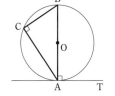

[2] ∠BAT が鋭角の場合

円 O の周上に，AD が直径となる
ように，点 D をとると，AD⊥AT，
∠ABD＝90° であるから

$$∠BAT = 90° - ∠\boxed{}^{イ}$$

$$∠ADB = 90° - ∠\boxed{}^{イ}$$

よって ∠BAT＝∠ADB

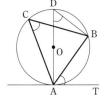

∠ADB と ∠ACB は弧 $\boxed{}^{ウ}$ に対する円周角であるか

ら ∠ADB＝∠ACB よって ∠BAT＝∠ACB

[3] ∠BAT が鈍角の場合

円 O の周上に，AD が直径となる
ように，点 D をとると，AD⊥AT，
∠ACD＝90° であるから

$$∠BAT = 90° + ∠BAD$$

$$∠ACB = 90° + ∠\boxed{}^{エ}$$

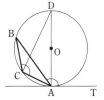

∠BAD と $∠\boxed{}^{エ}$ は弧 BD に対する円周角であるから

$$∠BAD = ∠\boxed{}^{エ} \qquad よって \quad ∠BAT＝∠ACB$$

ヒント [3] 注目している角度を 90° と残りの角度に分解して考える

23 方べきの定理

 基 本 事 項

方べきの定理

[1] 円の2つの弦 AB，CD，またはそれらの延長の交点を
P とすると
$$PA \cdot PB = PC \cdot PD$$

[2] 円の外部の点 P から円に引いた接線の接点を T とする。
点 P を通ってこの円と 2 点 A，B で交わる直線を引くと
$$PA \cdot PB = PT^2$$

参考 方べきの定理は，その逆も成り立つ。

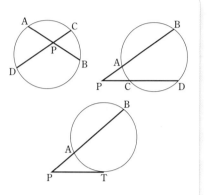

☐**92** 下の図において，x の値を求めよ。ただし，(3)において，直線
PT は円 O の接線である。

補 足

(1)
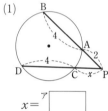

(2)

(3)
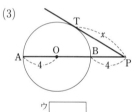

$$x = \boxed{}^{ア}$$
$$x = \boxed{}^{イ}$$
$$x = \boxed{}^{ウ}$$

ヒント (2) OP⊥AB であるから AP=BP

☐**93** AB>AC である △ABC において，
∠BAC の二等分線と BC の交点を
D，辺 BC の中点を E，△ADE の
外接円と AB の交点を F とする。
AB=5，BC=6，CA=3 であると
き，次の問いに答えよ。

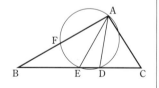

(1) 線分 BD の長さは $\boxed{}^{ア}$ である。

(2) 線分 BF の長さは $\boxed{}^{イ}$ である。

ヒント (2) 方べきの定理を利用

TRY 問題

☐**94** 花子さんは数学の授業で，方べきの定理を学習した。家に帰って復習していると，ふと「方べき」とは何なのか疑問に思った。そこで，花子さんは参考書で調べて，次のようにノートにまとめた。

花子さんのノート

　右の図において，点 P の円 O に関する方べきとは 「PA・PB の値」のことをいう。つまり，方べきの定理とは，
定点 P を通る直線が円 O と 2 点
A，B で交わるとき，PA・PB の
値（方べき）は常に一定である
ということを述べている。

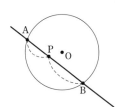

　次に，円の半径を r として，方べき K を PO と r を用いて表してみる。

[1] P が円の内部にあるとき

　　右の図のように，直線 PO と円との交点を C，D とする。

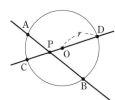

　　方べきの定理から　PA・PB＝ ^ア☐

　　よって，$K=$ ^イ☐ となる。

[2] P が円の外部にあるとき

　　右の図のように，直線 PO と円との交点を C，D とする。

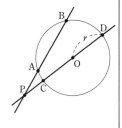

　　方べきの定理から　PA・PB＝ ^ウ☐

　　よって，$K=$ ^エ☐ となる。

[1]，[2]から，方べきは絶対値記号を用いると，

^オ☐ とまとめられる。

点 P が円 O の中心と一致するときは PA＝r，
PB＝r，PO＝0 となる。

^ア☐ ，^ウ☐ に当てはまるものを，次の⓪～③のうちから一つずつ選べ。ただし，同じものを選んでもよい。

⓪ $(PO-r)\cdot(PO+r)$ 　　① $r\cdot PO$

② $(PO-r)\cdot(r-PO)$ 　　③ $(r-PO)\cdot(r+PO)$

ヒント [1]のとき PO$<r$，[2]のとき PO$>r$ であり，方べきは正である

24 2つの円，多面体 数学A

① **2つの円の位置関係**　2つの円の半径を r, r' $(r>r')$，中心間の距離を d とする。

	[1] 互いに外部にある	[2] 1点を共有する（外接する）	[3] 2点で交わる	[4] 1点を共有する（内接する）	[5] 一方が他方の内部にある
	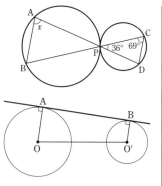				
	$d>r+r'$	$d=r+r'$	$r-r'<d<r+r'$	$d=r-r'$	$d<r-r'$

2つの円が接するとき，接点は2つの円の中心を結ぶ直線上にある。

② **多面体**

[1] すべての面が合同な正多角形で，どの頂点にも同じ数の面が集まるへこみのない多面体（凸多面体）を**正多面体**という。正多面体は，正四面体，正六面体（立方体），正八面体，正十二面体，正二十面体の5種類しかない。

[2] **オイラーの多面体定理**

凸多面体の頂点，辺，面の数を，それぞれ v, e, f とすると，$v-e+f=2$ が成り立つ。

□**95** (1) 右の図において，2円は点Pで外接している。このとき，

$x=$ ᵃ□° である。

(2) 右の図において，直線 AB は円 O, O′ に点 A，B で接している。円 O, O′ の半径が8，3で，OO′=13のとき，線分 AB の長さは ᶦ□ である。

補 足

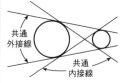

共通外接線

共通内接線

ヒント (1) 点Pにおける2円の共通接線を引く

(2) O′ から OA に垂線を下ろす

□**96** 正十二面体は，すべての面が合同な ᵃ□角形であり，どの頂点にも3つずつの面が集まっている。

また，頂点の数は ᶦ□ であり，辺の数は ᵂ□ である。

ヒント 1つの辺には，2つの面が重なる

TRY 問題

□**97** 太郎さんと花子さんが下の立体 A, B を手にとりながら話している。

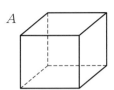　　　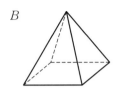

太郎：立体 A の頂点の数は 8，辺の数は ⁷[　　]，面の数は 6 だね。

花子：立体 B の頂点の数は ⁱ[　　]，辺の数は 8，面の数は ⁰[　　]だよ。

太郎：凸多面体の頂点の数 v，辺の数 e，面の数 f には ᵋ[　　]という関係があるって授業で習ったね。

花子：こんな関係式があるなんて，なんだか不思議ね。あっ！立体 A の上面と立体 B の底面はぴったり同じ大きさだわ。立体 A の上に立体 B を，頂点同士が重なるようにのせてできる新しい立体も凸多面体になるけれど，この関係式は成り立っているのかしら。

太郎：新しい立体の頂点の数は ᵒ[　　]，辺の数は ᵏ[　　]，面の数は ᵏ[　　]になるね。

花子：新しい立体でも上の関係式がちゃんと成り立ってるね。

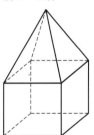

ᵋ[　　]に当てはまるものを，次の⓪〜⑤のうちから一つ選べ。

⓪　$v-e-f=2$ 　　　　① 　$-v+e-f=2$

②　$-v-e+f=2$ 　　　③ 　$-v+e+f=2$

④　$v-e+f=2$ 　　　　⑤ 　$v+e-f=2$

〔ヒント〕立体 A の上に立体 B を重ねたとき，重なる頂点，辺，面に注意して数える

25 約 数 と 倍 数 数学A

基 本 事 項

① 約数と倍数

[1] 倍数の判定法

2 の倍数 …… 一の位が偶数（0，2，4，6，8 のいずれか）

5 の倍数 …… 一の位が 0，5 のいずれか　　　4 の倍数 …… 下 2 桁が 4 の倍数

3 の倍数 …… 各位の数の和が 3 の倍数　　　9 の倍数 …… 各位の数の和が 9 の倍数

[2] 約数の個数　自然数 N を素因数分解した結果が $N = p^a q^b r^c \cdots\cdots$ であるとき，N の正の約数の個数は $(a+1)(b+1)(c+1) \cdots\cdots$

② 最大公約数と最小公倍数

[1] 互いに素　2 つの整数 a，b の最大公約数が 1 であるとき，a，b は互いに素であるという。

[2] 最大公約数，最小公倍数の性質

2 つの自然数 a，b の最大公約数を g，最小公倍数を l とする。

$a = ga'$，$b = gb'$ であるとすると，次のことが成り立つ。

　1．a'，b' は互いに素　　**2**．$l = ga'b'$　　**3**．$ab = gl$　　特に，$g = 1$ のとき $ab = l$

③ 整数の割り算と商および余り

[1] 割り算における商と余り

整数 a と正の整数 b に対して，$a = bq + r$，$0 \leqq r < b$ を満たす整数 q と r がただ 1 通りに定まる。q を，a を b で割ったときの商，r を余りという。

[2] 余りによる整数の分類

一般に，正の整数 m が与えられると，すべての整数は，整数 k を用いて

mk，$mk+1$，$mk+2$，$\cdots\cdots$，$mk+(m-1)$　のいずれかの形で表される。

☐**98** (1) 24 の正の約数のうち，小さい方から 6 番目の数は $\overset{ア}{\boxed{}}$

(2) 13 の正の倍数のうち，小さい方から 4 番目の数は $\overset{イ}{\boxed{}}$

(3) 308 を素因数分解すると $\overset{ウ}{\boxed{}}$ となる。

ヒント (3) 素数は 2 以上の自然数で，1 とそれ自身以外に正の約数をもたない数であり，素因数とは素数である因数を表す

☐**99** (1) $\sqrt{4950n}$ が自然数になるような最小の自然数は $n = \overset{ア}{\boxed{}}$ である。

(2) 2600 の正の約数の個数は $\overset{イ}{\boxed{}}$ 個である。

ヒント (1) 4950 を素因数分解する

補 足

2 つの整数 a，b について，ある整数 k を用いて，$a = bk$ と表されるとき，b は a の約数，a は b の倍数。

$a > 0$ のとき $\sqrt{a^2} = a$

50

☑**100** (1) 126, 108, 1764 の最大公約数は ^ア[　　], 最小公倍数は ^イ[　　] である。

(2) n と 20 の最大公約数が 5, 最小公倍数が 300 であるとき, 自然数 n の値は $n=$ ^ウ[　　] である。

(3) 和が 260, 最大公約数が 13 を満たす 2 つの自然数 a, b の組は ^エ[　　] 組ある。ただし, $a<b$ とする。

2 つの整数 m, n が互いに素であることと, m, n に共通な素因数がないことは同じ。

ヒント (3) $a=13a'$, $b=13b'$ (a', b' は互いに素) と表す

☑**101** a, b は整数で, a を 6 で割ると 2 余り, b を 6 で割ると 4 余る。このとき, $5a+8b$ と ab を 6 で割った余りは, それぞれ ^ア[　　], ^イ[　　] である。

ヒント $a=6k+2$, $b=6l+4$ (k, l は整数) と表す

TRY 問題

☑**102** 太郎さんと花子さんが次の問題について話している。

> 問題A 一の位の数がわからない 5 桁の自然数 2827□ が, 12 の倍数であるとき, 一の位は□である。

> 太郎：12 の倍数の判定法は習っていないから, 計算が大変だよ。
> 花子：ちょっとまって。12 の倍数ということは, 3 の倍数であり, ^ア[　　] の倍数でもあるということと同じだね。
> （(ア)には 12 以外の自然数が入る）
> 太郎：そうか！それぞれの判定法を使えば, 12 の倍数かどうかがわかるね。

(1) 自然数が 3 の倍数であるための必要十分条件として正しいものを, 次の⓪〜③のうちから一つ選べ。^イ[　　]

⓪　一の位が 3 の倍数　　①　一の位が 0 か 3 のいずれか

②　各位の数の和が 3 の倍数　　③　下 2 桁が 3 の倍数

(2) 問題Aの答えは ^ウ[　　] である。

ヒント (2) 3 の倍数の条件と ^ア[　　] の倍数の条件をともに満たす数を求める

26 ユークリッドの互除法

数学A

 基本事項

① **割り算と最大公約数**

2つの自然数 a, b について，a を b で割ったときの商を q，余りを r とすると，a と b の最大公約数は，b と r の最大公約数に等しい。

② **ユークリッドの互除法**

2つの自然数 a, b の最大公約数を求めるには，次の手順を繰り返せばよい。この方法をユークリッドの互除法または単に互除法という。

[1] a を b で割り，余り r を求める。

[2] $r=0$ ならば，b が a と b の最大公約数である。

　　$r>0$ ならば，a を b で，b を r でおきかえて，[1]の作業に戻る。

この作業を繰り返すごとに余りが小さくなり，最後は 0 になる。そのときの割る数が，自然数 a, b の最大公約数である。

③ **1次不定方程式と整数解**

a, b, c は整数の定数で，$a \neq 0$, $b \neq 0$ とする。x, y の1次方程式 $ax+by=c$ を成り立たせる整数 x, y の組を，この方程式の整数解という。また，この方程式の整数解を求めることを，1次不定方程式を解くという。

☑ **103** (1) 728，299 の最大公約数を，互除法を用いて求めると $^{ア}\boxed{}$ である。

(2) 2356，1643 の最大公約数を，互除法を用いて求めると $^{イ}\boxed{}$ である。

(3) $5n+13$ と $2n+8$ の最大公約数が 7 になるような 2 桁の自然数 n は全部で $^{ウ}\boxed{}$ 個ある。

ヒント (3) n の係数に注目して互除法を用いる

☑ **104** (1) 互除法を利用して，$42x+17y=1$ を満たす整数 x, y の組を1組求めると $^{ア}\boxed{}$

(2) $8x-3y=5$ の整数解をすべて求めると $^{イ}\boxed{}$

(3) $2x+3y=14$ を満たす自然数 x, y の組は $^{ウ}\boxed{}$ 組ある。

ヒント (3) $2x=14-3y$ と変形し，y の値を絞り込む

補足

互除法の手順を繰り返すと余りが小さくなり，やがて 0 になって終了する。

(2) a, b が互いに素であるとき，$ax+by=c$ の整数解の1つを $x=p$, $y=q$ とすると，すべての整数解は $x=bk+p$, $y=-ak+q$ （k は整数）と表される。

52

TRY 問題

☑**105** 太郎さんと花子さんが次の問題について話している。

問題 方程式 $5x+2y=8$ の整数解をすべて求めよ。

太郎：この方程式の整数解は k を整数とすると

$$x=\boxed{}^{\,ア}k,\ y=-5k+4\ となるね。$$

花子：私は $x=2k+2,\ y=-5k-1$ となったわ。

　　　どっちが正しいのかしら。

太郎：どちらの答えももとの方程式を満たしているね。

花子：ということは，2人とも正しいということかな。

太郎：実際に k に数字を代入して調べてみよう。

　　　僕の答えの場合はこうなるよ。

k	$\cdots$	-2	-1	0	1	2	$\cdots$
x	$\cdots$	$\boxed{}^{\,イ}$	$\boxed{}^{\,ウ}$	0	$\boxed{}^{\,エ}$	$\boxed{}^{\,オ}$	$\cdots$
y	$\cdots$	14	9	4	-1	-6	$\cdots$

花子：私の答えの場合はこうなるよ。

k	$\cdots$	-2	-1	0	1	2	$\cdots$
x	$\cdots$	-2	0	2	4	6	$\cdots$
y	$\cdots$	9	4	-1	-6	-11	$\cdots$

太郎：あっ！僕の答えの k を $\boxed{}^{\,カ}$ におきかえると，花子さんの答えと同じになるよ。

花子：ほんとだ！見た目は違うけど，ちゃんと同じ答えだったんだね。

$\boxed{}^{\,カ}$ に当てはまるものを，次の⓪～③のうちから一つ選べ。

　　⓪　$k+1$　　①　$-k$　　②　$k-1$　　③　$2k$

ヒント それぞれの表の中に出てくる共通の $x,\ y$ の組の位置関係に注目する

27 いろいろな方程式, n 進法 〔数学A〕

 基 本 事 項

① **方程式 $xy+ax+by=c$ の整数解**

$xy+ax+by=c$ を満たす整数 x, y を求めるには, $xy+ax+by=(x+b)(y+a)-ab$ を用いて

( )( )＝定数（整数）の形の式を導き, 整数と整数の積に分解。

② **n 進法**

[1] 位取りの基礎を n として数を表す方法を n 進法といい, n 進法で表された数を n 進数という。

n 進数では, その数の右下に $_{(n)}$ と書く。

[2] 10 進数を n 進法で表すには, 商が 0 になるまで n で繰り返し割り,

出てきた余りを逆順に並べる。

（例1） 10 進数 13 を 2 進法で表すと

$$13 = 1101_{(2)}$$

（例2） 3 進数 $2102_{(3)}$ を 10 進法で表すと

$$2102_{(3)} = 2 \cdot 3^3 + 1 \cdot 3^2 + 0 \cdot 3^1 + 2 \cdot 3^0 = 65$$

```
        2)13    余り
        2) 6 … 1  ↑
        2) 3 … 0
        2) 1 … 1
            0 … 1
```

☑**106** (1) $xy-3x+3y-1=0$ の整数解は $^{ア}\boxed{}$ 組ある。

(2) $x^2-y^2=-8$ を満たす自然数 x, y の組は

$(x, y) = {}^{イ}\boxed{}$ である。

(3) $\dfrac{3}{x}-\dfrac{1}{y}=1$ を満たす自然数 x, y の組は $(x, y) = {}^{ウ}\boxed{}$

である。

> **補 足**
> $AB=C$ のとき
> A, B は C の約数。
> なお, 負の約数も忘れず
> に。

（ヒント）(3) 両辺に xy を掛ける

☑**107** (1) 2 進数 $11010_{(2)}$ を 10 進法で表すと $^{ア}\boxed{}$ である。

(2) 10 進数 47 を 3 進法で表すと $^{イ}\boxed{}_{(3)}$ である。

(3) 4 進数 $2301_{(4)}$ を 6 進法で表すと $^{ウ}\boxed{}_{(6)}$ である。

（ヒント）(3) $2301_{(4)}$ を 10 進数にしてから 6 進法で表す

54

☑**108** (1) 自然数 N を 5 進法で表すと $ab_{(5)}$ となり，7 進法で表すと $ba_{(7)}$ となる。このとき，$a=$ ［ア ］，$b=$ ［イ ］であるから，$N=$ ［ウ ］である。

(2) 自然数 N を 4 進法で表すと $3a1_{(4)}$ となり，6 進法で表すと $1b3_{(6)}$ となる。このとき，$a=$ ［エ ］，$b=$ ［オ ］であるから，$N=$ ［カ ］である。

ヒント (1) a，b は $1 \leqq a \leqq 4$，$1 \leqq b \leqq 4$ を満たすことに注意

(2) a，b は $0 \leqq a \leqq 3$，$0 \leqq b \leqq 5$ を満たすことに注意

☑**109** m，n は自然数，p は 3 以上の素数とする。方程式 $m^2-n^2=p$ について，左辺は $(m+n)(m-n)$ と因数分解でき，m，n は自然数，p は素数であるから

$$m+n=\boxed{}^{\text{ア}}, \quad m-n=\boxed{}^{\text{イ}}$$

が成り立つ。

よって，$m=$ ［ウ ］，$n=$ ［エ ］である。

ヒント m，n は自然数であるから，$m+n>m-n$ である

・**素数**

2 以上の自然数で，1 と
それ自身以外に正の約数
をもたない数

TRY 問題

☑**110** 日常生活において，単位の変換が 10 進法ではない例として，「時間」がある。特に，1 時間は 60 分，1 分は 60 秒である。

(1) 100000 秒は 27 時間 46 分 40 秒と表せる。これは 100000 を ［ア ］進法で表すことと同じである。

(2) ある恒星からの距離が 4.8×10^9 km である惑星があるとする。光の速さを 3.0×10^5 km/秒とすると，恒星の光がその惑星に届くまで，［イ ］秒，すなわち ［ウ ］時間 ［エ ］分 ［オ ］秒かかる。

ヒント (2) ［イ ］を商が 0 になるまで ［ア ］で繰り返し割り，出てきた余りを逆順に並べる

100000
$=27 \cdot \boxed{}^{\text{ア}}{}^2 + 46 \cdot \boxed{}^{\text{ア}} + 40$

STEP UP 演習

1. 1次不等式とその利用

太郎さんと花子さんが次の問題について話している。

<u>問題</u> 連立不等式 $\begin{cases} |x-6|<4 & \cdots\cdots (\text{A}) \\ x+4k \geqq 3x & \cdots\cdots (\text{B}) \end{cases}$ を満たす整数 x がちょうど5個存在するとき，定数 k の値の範囲を求めよ。

> 花子：(A)，(B)をそれぞれ解くと ア だね。
>
> 太郎：連立不等式を満たす整数 x がちょうど5個存在するということは，$2k$ が イ とそれに1を足した数の間にあれば条件を満たすね。

(1) ア に当てはまるものを，次の⓪～③のうちから一つ選べ。また，イ に当てはまる数を答えよ。

⓪ (A)：$x<2$, $10<x$ (B)：$x \leqq 2k$ ① (A)：$2<x<10$ (B)：$x \leqq 2k$

② (A)：$x<2$, $10<x$ (B)：$x \geqq 2k$ ③ (A)：$2<x<10$ (B)：$x \geqq 2k$

> 太郎：つまり，イ $<2k<$ イ $+1$ を満たす k の値の範囲が答えだね。
>
> 花子：不等号にイコールは入らないの？
>
> 太郎：そうか！全然気にしてなかったよ。$2k$ が イ に等しいときは，連立不等式を満たす整数 x がちょうど ウ 個存在するから，条件を エ ね。
>
> 花子：$2k$ が イ $+1$ に等しいときは，連立不等式を満たす整数 x がちょうど オ 個存在するから，条件を カ よ。
>
> 太郎：これで正しい k の値の範囲が求められそうだね。でも，<u>もし(B)の不等号のイコールがなくて $x+4k>3x$ のときは，k の値の範囲はどうなるかな。</u>

(2) ウ，オ に当てはまる数を答えよ。また，エ，カ に当てはまるものを，次の⓪，①のうちから一つずつ選べ。ただし，同じものを選んでもよい。

⓪ 満たす   ① 満たさない

(3) 波下線部について，連立不等式の(B)の式を $x+4k>3x$ に変えたときの k の値の範囲，すなわち

連立不等式 $\begin{cases} |x-6|<4 & \cdots\cdots (\text{A}) \\ x+4k>3x & \cdots\cdots (\text{B}) \end{cases}$ を満たす整数 x がちょうど5個存在するとき，定数 k の値の範囲は $\dfrac{\text{キ}}{\text{ク}}<k\leqq$ ケ である。

2. 2次関数のグラフ

2次関数 $y=ax^2+bx+c$ のグラフをコンピュータのグラフ表示ソフトを用いて表示させる。このソフトでは，a，b，c の値を入力すると，その値に応じたグラフが表示される。最初に，a，b，c をある値に定めたところ，右の図のように，上に凸の放物線が表示された。このとき，次の問いに答えよ。

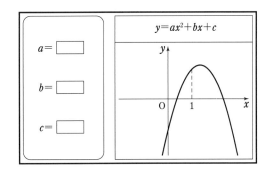

(1) a，b，c，b^2-4ac，$a+b+c$ の符号の組合せとして適当なものを，次の⓪〜⑦のうちから一つ選べ。　$\boxed{\text{ア}}$

	a	b	c	b^2-4ac	$a+b+c$
⓪	+	+	+	+	−
①	+	+	+	−	+
②	+	−	−	−	+
③	−	−	+	+	−
④	−	+	−	+	+
⑤	−	−	−	−	+
⑥	−	+	−	+	−
⑦	−	−	−	+	+

(2) 次に，a，c の値を変えずに，b の値を $-b$ に変化させた。このときのグラフの移動について正しく述べたものを，次の⓪〜③のうちから一つ選べ。　$\boxed{\text{イ}}$

⓪　最初の位置から移動しない　　① x 軸に関して対称移動する

②　y 軸に関して対称移動する　　③ 原点に関して対称移動する

(3) 2次関数 $y=ax^2+bx+c$ のグラフを x 軸方向に 2 だけ平行移動させたい。このとき，a，b，c の値をそれぞれ $\boxed{\text{ウ}}$，$\boxed{\text{エ}}$，$\boxed{\text{オ}}$ にすればよい。$\boxed{\text{ウ}}$，$\boxed{\text{エ}}$，$\boxed{\text{オ}}$ に当てはまるものを，次の各解答群のうちから一つずつ選べ。

$\boxed{\text{ウ}}$ の解答群：⓪ $a+2$ 　　① a 　　② $-a$ 　　③ $2a$

$\boxed{\text{エ}}$ の解答群：⓪ $4a+b$ 　① $4a-b$ 　② $-4a+b$ 　③ $-4a-b$

$\boxed{\text{オ}}$ の解答群：⓪ $4a+2b+c$ 　① $-4a+2b+c$ 　② $4a-2b+c$ 　③ $4a+2b-c$

3. 2次不等式

太郎さんと花子さんが，数学の授業で先生から宿題として出された問題について話している。

> 太郎：今日の宿題は確か「2次関数のグラフが x 軸の負の部分と異なる2点で交わるように，
> 係数にある文字の値の範囲を求めよ」という問題だったよね。
> 花子：そうだよ。与えられた2次関数の式を忘れてしまったけど，仮に $y=x^2+2ax-a+2$ と
> してみると
>
> （条件A） x の2次方程式 $x^2+2ax-a+2=0$ の判別式 D の符号が $\boxed{\text{ア}}$
>
> （条件B）グラフの軸の位置が y 軸より $\boxed{\text{イ}}$ にある
>
> （条件C） $x=0$ のときの y の値の符号が $\boxed{\text{ウ}}$
>
> という3つの条件を考えればよいと今日の授業で習ったね。

(1) $\boxed{\text{ア}}$ ， $\boxed{\text{イ}}$ ， $\boxed{\text{ウ}}$ に当てはまるものを，次の⓪〜③のうちから一つずつ選べ。ただ
し，同じものを選んでもよい。

⓪ 正　　　① 負　　　② 右　　　③ 左

(2) 2次関数 $y=x^2+2ax-a+2$ のグラフが x 軸の負の部分と異なる2点で交わるように，定数 a の
値の範囲を正しく求めたものを，次の⓪〜③のうちから一つ選べ。 $\boxed{\text{エ}}$

⓪ $a<2$　　① $a>1$　　② $1<a<2$　　③ 条件を満たす定数 a は存在しない

> 太郎：条件を3つも考えるのは面倒だな。どれか省いてはいけな
> いのかな。
> 花子：例えば（条件A）を省くと，こんな図（右図a）を除外す
> ることができなくなるよ。
> 太郎：なるほど。じゃあ，（条件B）を省くと…
> あ！ b こんな図がかけてしまうね。
> 花子：（条件C）を省くと c こんな図があるね。

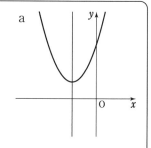

(3) 波下線 b, c に該当する図, すなわち（条件 B）,（条件 C）だけをそれぞれ省いたときに, 2 次関数 $y=x^2+2ax-a+2$ のグラフが x 軸の負の部分と異なる 2 点で交わらないような図として, 適するものを, 次の ⓪〜⑤ のうちから一つずつ選べ。波下線 b　オ　, 波下線 c　カ

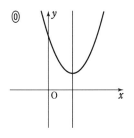 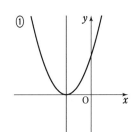 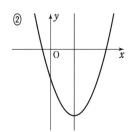

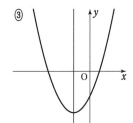 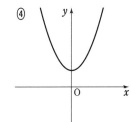 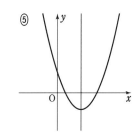

(4) 太郎さんは家に帰って花子さんと話した宿題に取り組もうとしたところ, 与えられた 2 次関数の方程式は $y=-x^2-ax+a^2-5a$ であった。

このとき, 太郎さんは花子さんと話した 3 つの条件において, 空欄　ア　,　イ　,　ウ　のうち 1 つを修正する必要があることに気付いた。

修正が必要な条件は　キ　であり, 修正後の空欄に当てはまるものは　ク　である。　キ　,　ク　に当てはまるものを, 次の各解答群のうちから一つずつ選べ。

　キ　の解答群：⓪（条件 A）　　①（条件 B）　　②（条件 C）

　ク　の解答群：⓪ 正　　① 負　　② 右　　③ 左

(5) 2 次関数 $y=-x^2-ax+a^2-5a$ のグラフが x 軸の負の部分と異なる 2 点で交わるような a の値の範囲は　ケ　$<a<$　コ　である。

4. 三角比の利用

(1) 軽トラックで木材など細長い荷物を積んで運ぶとき，右の図のように立てかけて運ぶことがある。このとき，積むことができる荷物の高さの上限は，下のように法律によって定められている。

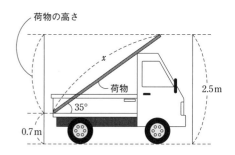

荷物の高さ

2.5 m

35°

0.7 m

> 荷物の高さは 2.5 m から軽トラックの
> 荷台の高さを引いたものを超えないこと

　荷台の高さが 0.7 m の軽トラックに荷物を図のように立てかけたとき，荷物と荷台の底面とのなす角は 35° であった。ただし，荷物は車体と平行に積むものとし，荷物の太さは考えないものとする。このとき，荷物の長さを x m として x のとりうる値の最大値は $\dfrac{\boxed{\text{ア}}.\boxed{\text{イ}}}{\boxed{\text{ウ}}}$ である。

　$\boxed{\text{ア}}$，$\boxed{\text{イ}}$ に当てはまる数を答えよ。また，$\boxed{\text{ウ}}$ に当てはまるものを次の ⓪ ～ ② のうちから一つ選べ。

$$⓪ \quad \sin 35° \qquad ① \quad \cos 35° \qquad ② \quad \tan 35°$$

(2) 荷物を運ぶ途中，右の図のような直角に 2 回折れ曲がった道に出くわした。図は道を真上から見たときの図である。軽トラックではこの道を通れなかったため，2 人で荷物の両端を持って運ぶことにした。荷物はこの道を通ることができるか考えよう。

　右の図のように道を真上から見た図を，平面の図として考える。図のように点 A，B，C，D，S，G をとり，C から AB に下ろした垂線を CD とする。道幅が 1.2 m で一定で，∠BCD＝35° であり，荷物の長さは(1)で求めた最大の長さとする。ただし，線分 AS，BG はともに十分長いものとし，荷物は常に地面と平行となるようにして運ぶものとする。

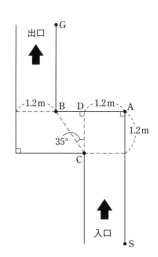

出口　G

1.2 m　B D 1.2 m　A

35°　　1.2 m

C

入口

S

このとき，BD＝ エ ． オ × カ より

$$\text{AB}＝\text{AD}＋\text{BD}＝1.2＋\boxed{\text{エ}}.\boxed{\text{オ}}×\boxed{\text{カ}}$$

BC の延長と AS との交点を E とすると　　∠BEA＝ キク °

よって　　$\text{BE}＝\text{AB}×\dfrac{\boxed{\text{ケ}}}{\boxed{\text{コ}}}＝(1.2＋\boxed{\text{エ}}.\boxed{\text{オ}}×\boxed{\text{カ}})×\dfrac{\boxed{\text{ケ}}}{\boxed{\text{コ}}}$

BE の長さが荷物の長さより長いとき，すなわち $\text{BE}＞\dfrac{\boxed{\text{ア}}.\boxed{\text{イ}}}{\boxed{\text{ウ}}}$ であれば，荷物はこの道を通ることができる。

$\text{BE}＞\dfrac{\boxed{\text{ア}}.\boxed{\text{イ}}}{\boxed{\text{ウ}}}$ と仮定して式を整理すると　　$\tan 35°＞\boxed{\text{サ}}.\boxed{\text{シ}}$

ここで，$\tan 30°＜\tan 35°＜\tan 45°$ であるから，荷物はこの道を通ることが スクエア 。

エ ， オ ， キ ～ ケ ， サ ， シ に当てはまる数を答えよ。また

カ ， コ ， ス に当てはまるものを，次の各解答群のうちから一つずつ選べ。ただし同じものを選んでもよい。

カ ， コ の解答群：⓪ $\sin 35°$　① $\cos 35°$　② $\tan 35°$

ス の解答群：⓪ できる　① できない

5. データの分析

あるクラスの 15 人の身長（単位 m）と体重（単位 kg）を測定した。

(1) 測定結果を表計算ソフトに入力し，結果を分析しようとしたところ，身長の最も高い人の結果である 1.87 m を誤って 187 m と入力してしまった。このとき，この入力データから得られた身長の平均値と中央値について正しく述べているものを，次の ⓪～③ のうちから一つ選べ。　 ア

⓪　平均値，中央値の両方とも正しい値でない

①　平均値，中央値の両方とも正しい値である

②　平均値は正しい値であるが，中央値は正しい値でない

③　中央値は正しい値であるが，平均値は正しい値でない

測定結果を正しく入力し直し，身長の標準偏差，体重の標準偏差，身長と体重の共分散を求めた結果，身長の標準偏差は 0.09645，体重の標準偏差は 10.90，身長と体重の共分散は 0.9091 であった。

(2) この 15 人の身長と体重の相関係数として，最も適当なものを次の ⓪～③ のうちから一つ選べ。
　 イ

⓪　-1.8647　　①　-0.8647　　②　0.8647　　③　1.8647

(3) 身長の単位を cm に変換したとき，変換後の身長の標準偏差は　 ウ 　，身長と体重の共分散は　 エ 　となる。　 ウ 　，　 エ 　に当てはまるものを，次の各解答群のうちから一つずつ選べ。

ウ の解答群：⓪　96.45　①　9.645　②　0.9645　③　0.09645

エ の解答群：⓪　909.1　①　90.91　②　9.091　③　0.9091

(4) 身長の単位を cm に変換したとき，変換後の身長と体重の共分散と相関係数について正しく述べているものを，次の ⓪～③ のうちから一つ選べ。　 オ

⓪　共分散，相関係数の両方とも変わらない

①　共分散，相関係数の両方とも変化する

②　共分散は変化するが，相関係数は変わらない

③　相関係数は変化するが，共分散は変わらない

6. 条件付き確率

太郎さんと花子さんが次のルールでゲームを行う。

> ルール さいころを1回ふって，1または2の目が出たら太郎さんに1点が入り，それ以外の目が出たら花子さんに1点入る。これを1ターンとして繰り返し行い，先に合計点が3点になった方の勝ちとする。

(1) 3ターンで勝者が決まる確率は $\dfrac{\boxed{ア}}{\boxed{イ}}$ である。また，太郎さんが勝利する確率は $\dfrac{\boxed{ウエ}}{\boxed{オカ}}$ である。

(2) 事象 X が起こる確率を $P(X)$ で表し，事象 X が起こったときの，事象 Y が起こる条件付き確率を $P_X(Y)$ で表すとする。

(i) 太郎さんが勝利する事象を A，3ターンで勝者が決まる事象を E とするとき，確率 $P_A(E)$ について正しく述べた文章を，次の⓪～②のうちから一つ選べ。 $\boxed{キ}$

　　　⓪　太郎さんが3ターン連続で得点し，勝利する確率である

　　　①　太郎さんが勝利したとき，ターン数が3である確率である

　　　②　3ターンで勝者が決まったとき，その勝者が太郎さんである確率である

(ii) 確率 $P_E(A)$ を求めると $\dfrac{\boxed{ク}}{\boxed{ケ}}$ である。

(iii) 太郎さんが2ターン目で得点する事象を F とする。$P(A \cap F)$，$P_A(F)$，$P_F(A)$ のうちで，最も小さいものは $\boxed{コ}$ である。$\boxed{コ}$ に当てはまるものを，次の⓪～②のうちから一つ選べ。

　　　⓪　$P(A \cap F)$　　　　①　$P_A(F)$　　　　②　$P_F(A)$

7. 平面図形

太郎さんと花子さんは△ABC に関する次の性質について考察した。

$\boxed{性質}$ △ABC の 3 本の中線は 1 点で交わる。

(1) 性質が成り立つことを，太郎さんは次のように証明した。

┌─ 太郎さんの証明 ─────────────────────────────

△ABC において，辺 BC，CA，AB の中点を，それぞれ L，M，N とする。

L，M は，それぞれ辺 BC，CA の中点であるから，$\boxed{\quad ア \quad}$ により

$$ML /\!/ AB, \quad 2ML = AB$$

よって，中線 AL と BM の交点を G とすると

$$AG : GL = AB : ML = \boxed{\ イ\ } : \boxed{\ ウ\ }$$

また，中線 AL と CN の交点を G′ とすると，

<u>上と同様に考えて</u>

$$AG' : G'L = AC : NL = \boxed{\ イ\ } : \boxed{\ ウ\ }$$

ゆえに，G と G′ はともに線分 AL を $\boxed{\ イ\ } : \boxed{\ ウ\ }$ に内分する点であるから，この 2 点は一致する。

したがって，3 本の中線は 1 点 G で交わる。

└──────────────────────────────────────

$\boxed{\quad ア \quad}$ に当てはまるものを，次の⓪〜⑤のうちから一つ選べ。また，$\boxed{\ イ\ }$，$\boxed{\ ウ\ }$ に当てはまる数を答えよ。

⓪ 三平方の定理 　① チェバの定理 　② 中線定理

③ 中点連結定理 　④ 方べきの定理 　⑤ メネラウスの定理

(2) 波下線部について，花子さんは太郎さんの証明を読んで，この部分を具体的に書いてみることにした。

┌──────────────────────────────────────

L，N は，それぞれ辺 BC，AB の中点であるから，$\boxed{\quad ア \quad}$ により

$$\boxed{\ エ\ } /\!/ \boxed{\ オ\ }, \quad 2\boxed{\ エ\ } = \boxed{\ オ\ }$$

└──────────────────────────────────────

$\boxed{\ エ\ }$，$\boxed{\ オ\ }$ に当てはまるものを，次の⓪〜⑤のうちから一つずつ選べ。

⓪ AB 　① BC 　② CA 　③ AL 　④ CN 　⑤ NL

8. 整数の性質

ある日，太郎さんと花子さんのクラスでは，数学の授業で先生から次のような宿題が出された。

宿題 10進法で4桁以上の自然数 N が，8の倍数かどうか判定する方法について調べなさい。

放課後，太郎さんと花子さんは出された宿題について話している。次の問いに答えよ。

> 太郎：4の倍数や9の倍数の判定法については授業で習ったけど，8の倍数の判定法については習っていないね。
> 花子：実際にいくつか計算してみたら，例えば7456は8の倍数だったけど，2948は8の倍数ではなかったよ。どちらも4の倍数ではあるんだけど。
> 太郎：6の倍数は2の倍数でも3の倍数でもあるから，6の倍数かどうかは2の倍数と3の倍数の判定法の組合せで判定できると，授業で習ったね。

(1) 波下線部について，6の倍数の判定法として正しいものを，次の⓪～③のうちから一つ選べ。

　ア

⓪ 一の位が偶数　または　各位の数の和が3の倍数
① 一の位が6の倍数　または　各位の数の和が6の倍数
② 一の位が偶数　かつ　各位の数の和が3の倍数
③ 一の位が6の倍数　かつ　各位の数の和が6の倍数

> 花子：6の倍数の判定法と同じように，8の倍数も2の倍数と4の倍数の判定法の組合せで判定できるかな？
> 太郎：例えば，花子さんが最初に調べた2948は2の倍数でも，4の倍数でもあるけど，8の倍数ではないから，2の倍数と4の倍数の判定法の組合せでは判定できなさそうだね。
> 花子：残念だけど，ほかの方法を考えるしかなさそうね。そういえば，N が4の倍数であるかどうかの判定法について，今日の授業で習ったね。
> 太郎：えっと，今日のノートを見てみると……

> 太郎さんのノート
>
> 　自然数 N を100で割った商を k，余りを a とすると，N は k，a を用いて　イ　と表せる。
>
> $100 = 4 \cdot 25$ より，$100k$ は4の倍数であり，a は N の下　ウ　桁の数を表すから，次のことがいえる。
>
> 　　4の倍数の判定法：下　ウ　桁が4の倍数である

（問題文は次ページに続く。）

(2) $\boxed{\text{イ}}$ に当てはまるものを，次の⓪～③のうちから一つ選べ。また，$\boxed{\text{ウ}}$ に当てはまる数を答えよ。

$$⓪ \quad N=100ka \qquad ① \quad N=\frac{a}{100k} \qquad ② \quad N=100k-a \qquad ③ \quad N=100k+a$$

> 太郎：4の倍数の判定法と同じように，8の倍数についても N の下何桁かに注目すれば判定できないかな？
>
> 花子：4の倍数の判定法の求め方のポイントは，割る数 100 が4の倍数であるということと，N を 100 で割った余りは N の下2桁を表しているということだね。
>
> 太郎：100 は8の倍数ではないから，8の倍数かどうかを判定するためには割る数を変える必要があるよ。
>
> 花子：新しい割る数が満たすべき条件は，8の倍数であるということと，N をその数で割った余りが N の下何桁かを表すということだね。
>
> 太郎：m を自然数として，N を割った余りが N の下 m 桁を表すためには，割る数を $\boxed{\text{エ}}$ とすればいいね。
>
> 花子：$\boxed{\text{エ}}$ と表される数で8の倍数になる最小の数は $\boxed{\text{オ}}$ だよ。このとき，割った余りは N の下 $\boxed{\text{カ}}$ 桁を表すね。
>
> 太郎：ということは，8の倍数の判定法は，N の下 $\boxed{\text{カ}}$ 桁が8の倍数であるということがわかったね。

(3) $\boxed{\text{エ}}$，$\boxed{\text{オ}}$ に当てはまるものを，次の各解答群のうちから一つずつ選べ。また，$\boxed{\text{カ}}$ に当てはまる数を答えよ。

$\boxed{\text{エ}}$ **の解答群**：⓪ 10^m ① $10m$ ② $100(m-1)$

$\boxed{\text{オ}}$ **の解答群**：⓪ 40   ① 104   ② 200   ③ 1000

(4) 8の倍数の判定法の求め方と同様の考え方で，16の倍数の判定法について考察し，1098765432 が16の倍数かどうか判定すると，$\boxed{\text{キ}}$ ことがわかる。$\boxed{\text{キ}}$ に当てはまるものを，次の⓪，①のうちから一つ選べ。

$$⓪ \quad 16の倍数である \qquad\qquad ① \quad 16の倍数でない$$

答 の 部

▶ 基本問題，TRY 問題および STEP UP 演習全問について答えの数値を示した。

《基本問題，TRY 問題の答》

1 （ア） $6x^2-x-2$
（イ） $x^2+y^2+z^2+2xy-2yz-2zx$ （ウ） x^4-y^4
（エ） $a^2-9b^2+6bc-c^2$

2 （ア） $(x-2)(2x-1)$ （イ） $(4x+3y)(x-y)$
（ウ） $(x^2+4)(x+2)(x-2)$
（エ） $(a+b)(a-b)(b-c)$
（オ） $(x+2y-3)(x-3y-1)$

3 3

4 （ア） $6+\sqrt{6}$ （イ） $\sqrt{3}+\sqrt{5}$ （ウ） 3
（エ） $\sqrt{3}-1$

5 （ア） 2 （イ） 2 （ウ） 6 （エ） 1
（オ） 34

6 （ア） $x<-3$ （イ） $x\leqq6$ （ウ） $x>14$

7 （ア） $-1<x\leqq2$ （イ） $-6\leqq x<-3$

8 （ア） $x=3, -2$ （イ） $x\leqq-2, \dfrac{2}{3}\leqq x$

9 （ア） ①③ （イ） 50 （ウ） $>$
（エ） 30 （オ） 2000 （カ） $45x$
（キ） $\dfrac{400}{3}$ （ク） 134

10 （ア） 2，3，5，7 （イ） 2，5，8
（ウ） 2，5 （エ） 8

11 （ア） $\{2, 3, 5\}$ （イ） $\{2, 4, 6\}$

12 （ア） $\{x \mid 0\leqq x<2\}$ （イ） $\{x \mid x\leqq-1, 2\leqq x\}$

13 （ア） ① （イ） ⓪ （ウ） ③

14 （ア） ⓪ （イ） ① （ウ） ⓪③
（エ） $\varnothing$, $\{2\}$, $\{3\}$, $\{2, 3\}$

15 （ア） ② （イ） ① （ウ） 1 （エ） -2

16 （ア） ② （イ） ③ （ウ） ① （エ） $\times$

17 （ア） ① （イ） ③ （ウ） ⓪ （エ） ⑤
（オ） ② （カ） ③

18 （ア） $a>0$ または $b>0$ （イ） $a+b>0$
（ウ） $a+b\leqq0$ （エ） $a\leqq0$ かつ $b\leqq0$
（オ） $a\leqq0$ かつ $b\leqq0$ （カ） $a+b\leqq0$
（キ）（ク） ①，④ （ケ）（コ） ②，③

19 （ア） ①，② （イ） ② （ウ） ②
（エ） ①，②

20 （ア） 偽 （イ） $x=2$ （ウ） $x^2=4$
（エ） 真 （オ） ⓪ （カ） 偽 （キ） C
（ク） 4

21 （ア） $(1, 2)$ （イ） 1 （ウ） -1 （エ） $\dfrac{3}{2}$

22 （ア） $(-1, -1)$ （イ） $y=(x+1)^2-1$
（ウ） -1 （エ） 4

23 （ア） 1 （イ） 2 （ウ） 3 （エ） -1
（オ） 2 （カ） 3

24 （ア） $-(x-2)^2-1$ （イ） $(2, 1)$
（ウ） $(2, -1)$ （エ） ⓪

25 （ア） -3 （イ） -4 （ウ） 6 （エ） -7
（オ） -1 （カ） 7 （キ） 1 （ク） -1

26 （ア） $-2a^2-4a+6$ （イ） -1 （ウ） 8

27 （ア） -1 （イ） $2a+4$ （ウ） 2
（エ） $-a^2+3$ （オ） $-4a+7$

28 （ア） -1 （イ） $-a^2-2a+2$ （ウ） 1
（エ） 3 （オ） $-a^2+2a+2$

29 ②

30 （ア） $x=3, 4$ （イ） $x=\dfrac{3\pm\sqrt{17}}{4}$
（ウ） $x=3\pm\sqrt{7}$

31 （ア） -1 （イ） $\dfrac{5}{3}$ （ウ） -1 （エ） 1

32 （ア） $\left(\dfrac{5}{2}, 0\right)$ （イ） $\dfrac{3}{2}$ （ウ） $m>-\dfrac{5}{8}$

33 （ア） x （イ） 2 （ウ） 負 （エ） ③

34 （ア） $x\leqq1, 3\leqq x$ （イ） $-\dfrac{1}{2}<x<1$
（ウ） $-3<x<1$ （エ） $x=5$
（オ） すべての実数

35 $\dfrac{1}{2}<x\leqq1$

36 （ア） 0 （イ） ① （ウ） ②
（エ） $-9<k<0$, $0<k<1$

37 （ア） 1 （イ） -6 （ウ） $-\dfrac{1}{6}$ （エ） $\dfrac{1}{6}$

(オ) -3 (カ) 2

38 (ア) $m<-3$, $2<m$ (イ) $2<m<6$
(ウ) $m>6$

39 (ア) $-a<x<a$ (イ) $-2<x<3$
(ウ) ① (エ) $0<a\leqq2$

40 (ア) $\dfrac{2\sqrt{2}}{3}$ (イ) $\dfrac{1}{2\sqrt{2}}$ (ウ) $-\dfrac{2}{\sqrt{5}}$
(エ) $\dfrac{1}{\sqrt{5}}$

41 (ア) 0 (イ) 0 (ウ) 20

42 (ア) $\dfrac{1}{4}$ (イ) -2

43 (ア) ① (イ) ②

44 (ア) 6 (イ) $3\sqrt{2}$ (ウ) 2 (エ) 30
(オ) 105

45 (ア) 6 (イ) 5 (ウ) 4 (エ) $\dfrac{1}{8}$

46 (ア) 7 (イ) 120 (ウ) 3 (エ) $\dfrac{7\sqrt{3}}{3}$

47 (ア) 余弦 (イ) 120 (ウ) 255 (エ) $>$
(オ) $>$

48 (ア)(イ) AB, AC

49 (ア) $\dfrac{9}{16}$ (イ) $\dfrac{5\sqrt{7}}{16}$ (ウ) $\dfrac{15\sqrt{7}}{4}$
(エ) $\dfrac{8\sqrt{7}}{7}$ (オ) $\dfrac{\sqrt{7}}{2}$

50 (ア) $-\dfrac{11}{14}$ (イ) $\dfrac{5\sqrt{3}}{4}$

51 (ア) $5\sqrt{7}$ (イ) 2 (ウ) 3 (エ) $2\sqrt{7}$
(オ) $\dfrac{5}{2}x$ (カ) $\dfrac{15}{4}x$ (キ) $\dfrac{75\sqrt{3}}{2}$
(ク) $6\sqrt{3}$

52 (ア) $\dfrac{\sqrt{3}}{2}$ (イ) $\dfrac{1}{3}$ (ウ) $\dfrac{2\sqrt{2}}{3}$
(エ) $\mathrm{AM}\sin\theta$ (オ) $\dfrac{\sqrt{6}}{3}$ (カ) $\dfrac{\sqrt{2}}{12}$

53 (ア) 8 (イ) 7.5 (ウ) 8

54 (ア) 2.9 (イ) 2.5 (ウ) 2

55 (ア) 5 (イ) 2.5 (ウ) B

56 (ア) 国語 (イ) 社会 (ウ) ⓪, ③

57 (ア) 11 (イ) 4 (ウ) 2

58 (ア) 6 (イ) 13

59 (ア) -2 (イ) 4 (ウ) 6 (エ) 0.41
(オ) ②

60 (ア) 13 (イ) 29

61 (ア) 26 (イ) 87 (ウ) 36 (エ) 22

62 (ア) 16 (イ) 47 (ウ) 74

63 (ア) 12 (イ) 23

64 (ア) ② (イ) 15

65 (ア) 5040 (イ) 1440 (ウ) 1440

66 (ア) 720 (イ) 144 (ウ) 240 (エ) 144

67 (ア) 96 (イ) 60 (ウ) 24 (エ) 500
(オ) 150

68 (ア) 62 (イ) 31

69 (ア) EHIKNS (イ) ⓪③①② (ウ) 3
(エ) HNIESK (オ) 633

70 (ア) 210 (イ) 24 (ウ) 28

71 (ア) 220 (イ) 112

72 (ア) 126 (イ) 70 (ウ) 15

73 (ア) 252 (イ) 120 (ウ) 147

74 (ア) 1260 (イ) 120

75 (ア) 90 (イ) ③ (ウ) 15

76 (ア) $\dfrac{5}{36}$ (イ) $\dfrac{5}{12}$ (ウ) $\dfrac{3}{4}$

77 (ア) $\dfrac{1}{3}$ (イ) $\dfrac{1}{9}$ (ウ) $\dfrac{1}{3}$

78 (ア) $\dfrac{9}{28}$ (イ) $\dfrac{19}{28}$

79 (ア) $\dfrac{15}{64}$ (イ) $\dfrac{7}{64}$

80 (ア) $\dfrac{17}{35}$ (イ) はずれ (ウ) 当たり
(エ) $\dfrac{23}{35}$

81 (ア) 3 (イ) 1 (ウ) $\dfrac{27}{4}$ (エ) $\dfrac{9}{2}$
(オ) $\dfrac{27}{4}$

82 (ア) 20 (イ) 140 (ウ) 25 (エ) 60

83 (ア) 8 (イ) 15

84 (ア) 4 (イ) 3 (ウ) 2 (エ) 7
(オ) $\dfrac{2}{21}$

85 (ア) 重 (イ) 1 (ウ) 1 (エ) 2

(オ) 1 (カ) 3

86 (ア) 22 (イ) 118 (ウ) 56

87 68

88 (ア) ① (イ) ⓪③

89 (ア) 55 (イ) 59 (ウ) 4

90 (ア) 1 (イ) 3 (ウ) 2

91 (ア) 90 (イ) BAD（または DAB）

(ウ) AB（または BA）

(エ) BCD（または DCB）

92 (ア) 2 (イ) 12 (ウ) $4\sqrt{3}$

93 (ア) $\dfrac{15}{4}$ (イ) $\dfrac{9}{4}$

94 (ア) ③ (イ) $r^2-\mathrm{PO}^2$ (ウ) ⓪

(エ) PO^2-r^2

(オ) $|\mathrm{PO}^2-r^2|$（または $|r^2-\mathrm{PO}^2|$）

95 (ア) 75 (イ) 12

96 (ア) 正五 (イ) 20 (ウ) 30

97 (ア) 12 (イ) 5 (ウ) 5 (エ) ④

(オ) 9 (カ) 16 (キ) 9

98 (ア) 8 (イ) 52 (ウ) $2^2\!\cdot\!7\!\cdot\!11$

99 (ア) 22 (イ) 24

100 (ア) 18 (イ) 5292 (ウ) 75 (エ) 4

101 (ア) 0 (イ) 2

102 (ア) 4 (イ) ② (ウ) 2

103 (ア) 13 (イ) 31 (ウ) 7

104 (ア) $x=-2,\ y=5$

(イ) $x=3k+1,\ y=8k+1$（k は整数）

(ウ) 2

105 (ア) 2 (イ) -4 (ウ) -2 (エ) 2

(オ) 4 (カ) ⓪

106 (ア) 8 (イ) (1, 3) (ウ) (2, 2)

107 (ア) 26 (イ) 1202 (ウ) 453

108 (ア) 3 (イ) 2 (ウ) 17 (エ) 2

(オ) 3 (カ) 57

109 (ア) p (イ) 1 (ウ) $\dfrac{p+1}{2}$

(エ) $\dfrac{p-1}{2}$

110 (ア) 60 (イ) 16000 (ウ) 4 (エ) 26

(オ) 40

《STEP UP 演習問題の答》

1 (ア) ① (イ) 7 (ウ) 5 (エ) ⓪

(オ) 6 (カ) ① (キ) 7 (ク) 2

(ケ) 4

2 (ア) ④ (イ) ② (ウ) ① (エ) ②

(オ) ②

3 (ア) ⓪ (イ) ③ (ウ) ⓪ (エ) ②

(オ) ⑤ (カ) ③ (キ) ② (ク) ①

(ケ) 4 (コ) 5

4 (ア).(イ) 1.8 (ウ) ⓪ (エ).(オ) 1.2

(カ) ② (キク) 35 (ケ) 1 (コ) ⓪

(サ).(シ) 0.5 (ス) ⓪

5 (ア) ③ (イ) ② (ウ) ① (エ) ①

(オ) ②

6 (ア) 1 (イ) 3 (ウエ) 17 (オカ) 81

(キ) ① (ク) 1 (ケ) 9 (コ) ⓪

7 (ア) ③ (イ) 2 (ウ) 1 (エ) ⑤

(オ) ②

8 (ア) ② (イ) ③ (ウ) 2 (エ) ⓪

(オ) ③ (カ) 3 (キ) ①

初版 （数学Ⅰ・A）
第1刷　2020年2月1日　発行
第5刷　2021年11月1日　発行

ISBN978-4-410-13681-8

大学入学共通テスト
準備問題集
数学Ⅰ・A

編　者　数研出版編集部

発行者　星野　泰也

発行所　**数研出版株式会社**

〒101-0052　東京都千代田区神田小川町2丁目3番地3
〔振替〕00140-4-118431

〒604-0861　京都市中京区烏丸通竹屋町上る大倉町205番地
〔電話〕代表 (075)231-0161

ホームページ　https://www.chart.co.jp

印刷　株式会社太洋社

大学入学共通テスト準備問題集 数学Ⅰ・A 答と解説

基本問題，TRY 問題および STEP UP 演習の全問について，その答えの数値・式などを最初に示し，続いて解説として解法についての説明を示した。なお，STEP UP 演習については，解説の前に解答の指針として問題を解く際のポイントを示した。

基本問題，TRY 問題 (本文 $p.2 \sim p.55$)

1 （ア）$6x^2-x-2$
（イ）$x^2+y^2+z^2+2xy-2yz-2zx$ （ウ）x^4-y^4
（エ）$a^2-9b^2+6bc-c^2$

解説 (1) （与式）$=2\cdot 3x^2+\{2\cdot(-2)+1\cdot 3\}x+1\cdot(-2)$
$\qquad\qquad =6x^2-x-2$

(2) （与式）$=x^2+y^2+z^2+2xy-2yz-2zx$

(3) （与式）$=(x^2+y^2)(x^2-y^2)=x^4-y^4$

(4) （与式）$=\{a+(3b-c)\}\{a-(3b-c)\}$
$\qquad\qquad =a^2-(3b-c)^2=a^2-9b^2+6bc-c^2$

2 （ア）$(x-2)(2x-1)$ （イ）$(4x+3y)(x-y)$
（ウ）$(x^2+4)(x+2)(x-2)$
（エ）$(a+b)(a-b)(b-c)$
（オ）$(x+2y-3)(x-3y-1)$

解説 (1) （与式）$=(x-2)(2x-1)$

$$\begin{array}{rrr} 1 & -2 & \longrightarrow -4 \\ 2 & -1 & \longrightarrow -1 \\ \hline 2 & 2 & -5 \end{array}$$

(2) （与式）$=4x(x-y)+3y(x-y)$
$\qquad\qquad =(4x+3y)(x-y)$

(3) （与式）$=(x^2)^2-4^2=(x^2+4)(x^2-4)$
$\qquad\qquad =(x^2+4)(x+2)(x-2)$

(4) （与式）$=(b^2-a^2)c-(b^3-a^2b)$
$\qquad\qquad =(b^2-a^2)c-b(b^2-a^2)$
$\qquad\qquad =(b^2-a^2)(c-b)=(b+a)(b-a)(c-b)$
$\qquad\qquad =(a+b)(a-b)(b-c)$

(5) （与式）
$=x^2-(y+4)x-(6y^2-7y-3)$
$=x^2-(y+4)x-(2y-3)(3y+1)$
$=\{x+(2y-3)\}\{x-(3y+1)\}$
$=(x+2y-3)(x-3y-1)$

$$\begin{array}{rrr} 2 & -3 & \longrightarrow -9 \\ 3 & 1 & \longrightarrow 2 \\ \hline 6 & -3 & -7 \end{array}$$

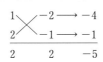

$$\begin{array}{rrr} 1 & 2y-3 & \longrightarrow 2y-3 \\ 1 & -(3y+1) & \longrightarrow -3y-1 \\ \hline 1 & -(2y-3)(3y+1) & -y-4 \end{array}$$

3 3

解説 $0<a<2$ のとき，$a+1\geqq 0$，$a-2<0$ であるから
$|a+1|+|a-2|=(a+1)-(a-2)=a+1-a+2=3$

4 （ア）$6+\sqrt{6}$ （イ）$\sqrt{3}+\sqrt{5}$ （ウ）3
（エ）$\sqrt{3}-1$

解説 (1) ［1］（与式）$=12+4\sqrt{6}-3\sqrt{6}-6=6+\sqrt{6}$
［2］（与式）
$=\dfrac{\sqrt{3}+\sqrt{2}}{(\sqrt{3}-\sqrt{2})(\sqrt{3}+\sqrt{2})}+\dfrac{3(\sqrt{5}-\sqrt{2})}{(\sqrt{5}+\sqrt{2})(\sqrt{5}-\sqrt{2})}$
$=\sqrt{3}+\sqrt{2}+\sqrt{5}-\sqrt{2}=\sqrt{3}+\sqrt{5}$

(2) $\dfrac{\sqrt{3}+1}{\sqrt{3}-1}=\dfrac{(\sqrt{3}+1)^2}{(\sqrt{3}-1)(\sqrt{3}+1)}=2+\sqrt{3}$
$1<\sqrt{3}<2$ より，$3<2+\sqrt{3}<4$ であるから $a=3$
よって $b=2+\sqrt{3}-a=\sqrt{3}-1$

5 （ア）2 （イ）2 （ウ）6 （エ）1
（オ）34

解説 $(x+y)^2=x^2+2xy+y^2$ であるから
$\qquad x^2+y^2=(x+y)^2-2xy$ …… ①
また $x+y=(3+2\sqrt{2})+(3-2\sqrt{2})=6$，
$\qquad xy=(3+2\sqrt{2})(3-2\sqrt{2})$
$\qquad\qquad =3^2-(2\sqrt{2})^2=1$
したがって，① より $x^2+y^2=6^2-2\cdot 1=34$

6 （ア）$x<-3$ （イ）$x\leqq 6$ （ウ）$x>14$

解説 (1) $2x-1>4x+5$
移項すると $2x-4x>5+1$ すなわち $-2x>6$
よって $x<-3$

(2) $\dfrac{3}{4}x-\dfrac{1}{2}\leqq\dfrac{1}{3}x+2$ の両辺に 12 を掛けると
$\qquad 12\left(\dfrac{3}{4}x-\dfrac{1}{2}\right)\leqq 12\left(\dfrac{1}{3}x+2\right)$
すなわち $9x-6\leqq 4x+24$
移項すると $9x-4x\leqq 24+6$
すなわち $5x\leqq 30$
よって $x\leqq 6$

(3) $\dfrac{1}{2}x+2<\dfrac{3}{4}(x-2)$ の両辺に 4 を掛けると

$$4\left(\dfrac{1}{2}x+2\right)<4\cdot\dfrac{3}{4}(x-2)$$

すなわち $2x+8<3x-6$

移項すると $2x-3x<-6-8$

すなわち $-x<-14$

よって $x>14$

7 (ア) $-1<x\leqq2$ (イ) $-6\leqq x<-3$

解説 (1) $6x-7\leqq2x+1$ から $4x\leqq8$

よって $x\leqq2$ …… ①

$3x+7<4(2x+3)$ すなわち $3x+7<8x+12$

から $-5x<5$

よって $x>-1$ …… ②

①，② の共通範囲を求めて $-1<x\leqq2$

(2) $2\left(\dfrac{1}{3}x-1\right)\leqq3\left(\dfrac{1}{2}x+1\right)$ の両辺に 6 を掛けると

$$12\left(\dfrac{1}{3}x-1\right)\leqq18\left(\dfrac{1}{2}x+1\right)$$

すなわち $4x-12\leqq9x+18$

よって $-5x\leqq30$ ゆえに $x\geqq-6$ …… ①

$\dfrac{1}{6}x+1<-\dfrac{1}{2}x-1$ の両辺に 6 を掛けると

$$6\left(\dfrac{1}{6}x+1\right)<6\left(-\dfrac{1}{2}x-1\right)$$

すなわち $x+6<-3x-6$

よって $4x<-12$ ゆえに $x<-3$ …… ②

①，② の共通範囲を求めて $-6\leqq x<-3$

8 (ア) $x=3,\ -2$ (イ) $x\leqq-2,\ \dfrac{2}{3}\leqq x$

解説 (1) $2x-1=\pm5$

$$2x=6,\ -4$$

$$x=3,\ -2$$

(2) $3x+2\leqq-4,\ 4\leqq3x+2$

$$3x\leqq-6,\ 2\leqq3x$$

$$x\leqq-2,\ \dfrac{2}{3}\leqq x$$

9 (ア) ①③ (イ) 50 (ウ) ＞

(エ) 30 (オ) 2000 (カ) $45x$

(キ) $\dfrac{400}{3}$ (ク) 134

解説 (1) ⓪ 印刷の枚数が 100 枚以下のとき，費用は一律で 5000 円であるから，80 枚印刷するとき，費用は 5000 円である。

よって，正しくない。

① 印刷枚数が 50 枚，80 枚のとき，費用はともに 5000 円であるから，1 枚あたりの費用は 80 枚印刷したときの方が安い。

よって，正しい。

② 120 枚印刷するとき，100 枚までの費用は 5000 円であり，100 枚を超えた分の 20 枚の費用は

$30\times20=600$ （円）である。

ゆえに，印刷の費用は 5600 円となる。

よって，正しくない。

③ 300 枚印刷するとき，100 枚までの費用は 5000 円であり，100 枚を超えた分の 200 枚の費用は

$30\times200=6000$ （円）である。

ゆえに，印刷の費用は 11000 円となる。

よって，正しい。

したがって ①③

(2) 印刷の枚数が 100 枚以下のとき，費用は一律で 5000 円であるから，このとき 1 枚あたりの印刷の費用が最も安くなるのは，100 枚印刷するときである。100 枚印刷するとき，1 枚あたりの印刷の費用は

$$5000\div100=50\ （円）$$

ゆえに，1 枚あたりの印刷の費用を 45 円以下にするためには，100 枚より多く印刷する必要があるから

$$x>100$$

100 枚までの費用は 5000 円であり，100 枚を超えた分の $(x-100)$ 枚の費用は $30(x-100)$ 円である。

よって，印刷の費用は

$$5000+30(x-100)=30x+2000\ （円）$$

ゆえに，1 枚あたりの印刷の費用が 45 円以下となるとき，x が満たす不等式は

$$30x+2000\leqq45x\ \ \cdots\cdots\ ①$$

これを解いて $x\geqq\dfrac{400}{3}$

$\dfrac{400}{3}=133.33\cdots$ であるから，不等式 ① を満たす最小の整数 x の値は $x=134$

これは $x>100$ を満たしている。

したがって，1 枚あたりの印刷の費用を 45 円以下にするためには，少なくとも 134 枚印刷する必要がある。

10 (ア) 2, 3, 5, 7 (イ) 2, 5, 8

(ウ) 2, 5 (エ) 8

解説 (1) $A=\{2,\ 3,\ 5,\ 7\}$,

$B=\{2,\ 5,\ 8\}$

(2) (1)から　$A \cap B = \{2, 5\}$

(3) (1), (2)から，図に集合の要素を書き込むと，右のようになる。

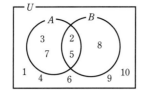

よって　$\overline{A} \cap B = \{8\}$

11　(ア) $\{2, 3, 5\}$　(イ) $\{2, 4, 6\}$

解説　$\overline{A} \cap \overline{B} = \{1\}$，$A \cap B = \{2\}$，
$A \cap \overline{B} = \{3, 5\}$ から，図に集合の要素を書き込むと右のようになり
$\overline{A} \cap B = \{4, 6\}$
よって　$A = \{2, 3, 5\}$
$B = \{2, 4, 6\}$

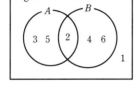

12　(ア) $\{x | 0 \le x < 2\}$　(イ) $\{x | x \le -1, 2 \le x\}$

解説　$A = \{x | 0 \le x \le 4\}$，$B = \{x | -2 < x < 2\}$
$C = \{x | x < -3, -1 < x\}$ である。

(1) 数直線で表すと右のようになる。
よって
$A \cap B = \{x | 0 \le x < 2\}$

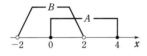

(2) $\overline{B} = \{x | x \le -2, 2 \le x\}$，
$\overline{C} = \{x | -3 \le x \le -1\}$
数直線で表すと右のようになる。
よって
$\overline{B} \cup \overline{C} = \{x | x \le -1, 2 \le x\}$

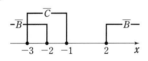

13　(ア) ①　(イ) ⓪　(ウ) ③

解説　$A \subset B$ であるから，集合 A, B, $\overline{B}$ を図に表すと右のようになる。
よって
$A \cup B = B$，$A \cap B = A$，
$A \cap \overline{B} = \varnothing$

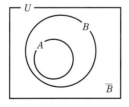

14　(ア) ⓪　(イ) ①　(ウ) ⓪③
　　(エ) $\varnothing$, $\{2\}$, $\{3\}$, $\{2, 3\}$

解説　3は A の要素であるから　$3 \in A$
$\{3\}$ は A の部分集合であるから　$\{3\} \subset A$

(1) $\{3\}$ は A の部分集合である，すなわち A に含まれる。
よって　　⓪③

(2) A の部分集合をすべてあげると
$$\varnothing, \{2\}, \{3\}, \{2, 3\}$$

15　(ア) ②　(イ) ①　(ウ) 1　(エ) -2

解説　命題①は偽。(反例：$a = 1$, $b = -2$)
②については
$a = b$ ならば
$a^2 + ab - 2b^2 = b^2 + b \cdot b - 2b^2$
$= 0$
よって，命題②は真。

参考　$b < -a < 0$ を満たす a, b の組が命題①の反例となる。

16　(ア) ②　(イ) ③　(ウ) ①　(エ) ×

解説　前者の条件を p，後者の条件を q とする。

(1) $x = 1$ かつ $y = 1$ ならば　　$xy = 1$
ゆえに，$p \Longrightarrow q$ は真である。
一方，$q \Longrightarrow p$ は偽。(反例：$x = -1$, $y = -1$)
したがって，p は q であるための十分条件。

(2) $|x + y| = |x - y| \Longleftrightarrow (x + y)^2 = (x - y)^2$
$\Longleftrightarrow 4xy = 0$
よって，$p \Longleftrightarrow q$ が成り立つ。
したがって，p は q であるための必要十分条件。

(3) 条件 p を満たすもの全体の集合を P，条件 q を満たすもの全体の集合を Q とする。
$x^2 + x > 0 \Longleftrightarrow x(x + 1) > 0$
$\Longleftrightarrow x < -1, 0 < x$
であるから　$P = \{x | x < -1, 0 < x\}$
また　　　　$Q = \{x | x < -2\}$
右の図より，$P \supset Q$
であるから
$p \Longrightarrow q$ は偽
（反例：$x = 1$），
$q \Longrightarrow p$ は真。
したがって，p は q であるための必要条件。

(4) $x = \sqrt{2}$ とすると，x は無理数であるが，$\sqrt{3}x$ は
$\sqrt{3}x = \sqrt{3} \cdot \sqrt{2} = \sqrt{6}$ で無理数である。
よって，$p \Longrightarrow q$ は偽である。
また，$x = 0$ とすると，$\sqrt{3}x = 0$ は有理数であるが，x
は有理数である。
よって，$q \Longrightarrow p$ は偽である。
したがって，いずれでもない。

17 （ア）① （イ）③ （ウ）⓪ （エ）⑤
（オ）② （カ）③

解説 (1) 「$(x+4)(x-5)=0 \Longrightarrow p$」が偽，
「$p \Longrightarrow (x+4)(x-5)=0$」が真であるような条件 p
を求める。
「$(x+4)(x-5)=0$ ならば $x=-4$」は偽である。
（反例：$x=5$）
「$x=-4$ ならば $(x+4)(x-5)=0$」は真である。
よって，$(x+4)(x-5)=0$ は $x=-4$ であるための必要
条件であるが，十分条件でない。
また，十分条件でないことがわかる x の値は $x=5$ で
ある。

(2) 「$p \Longrightarrow$ 四角形 ABCD が平行四辺形である」が偽，
「四角形 ABCD が平行四辺形である $\Longrightarrow p$」が真で
あるような条件 p を求める。
「四角形 ABCD の 1 組の対辺
が平行ならば四角形 ABCD
は平行四辺形」は偽である。
（反例：右図）

「四角形 ABCD が平行四辺形
ならば四角形 ABCD の 1 組の対辺は平行」は真であ
る。
よって，四角形 ABCD の 1 組の対辺が平行であるこ
とは，四角形 ABCD が平行四辺形であるための必要
条件であるが，十分条件でない。
また，十分条件でないことがわかる図は上の図である。

(3) 「$p \Longrightarrow mn$ が 9 の倍数である」が真，
「mn が 9 の倍数である $\Longrightarrow p$」が偽であるような条
件 p を求める。
「m，n がともに 3 の倍数ならば mn は 9 の倍数」は
真である。
「mn が 9 の倍数ならば m，n はともに 3 の倍数」は
偽である。（反例：$m=2$，$n=18$）
よって，m，n がともに 3 の倍数であることは，mn
が 9 の倍数であるための十分条件であるが，必要条件
でない。
また，必要条件でないことがわかる m，n の値は
$m=2$，$n=18$ である。

18 （ア）$a>0$ または $b>0$ （イ）$a+b>0$
（ウ）$a+b\leqq 0$ （エ）$a\leqq 0$ かつ $b\leqq 0$
（オ）$a\leqq 0$ かつ $b\leqq 0$ （カ）$a+b\leqq 0$
（キ)(ク)①，④ （ケ)(コ)②，③

解説 （逆）$a>0$ または $b>0$ ならば $a+b>0$
（裏）$a+b\leqq 0$ ならば $a\leqq 0$ かつ $b\leqq 0$
（対偶）$a\leqq 0$ かつ $b\leqq 0$ ならば $a+b\leqq 0$
命題①～④の真偽を調べるには，その対偶の真偽と
一致することを利用するとよい。
④：「$a\leqq 0$ かつ $b\leqq 0$ ならば $a+b\leqq 0$」は真。
よって，① も真。
③：「$a+b\leqq 0$ ならば $a\leqq 0$ かつ $b\leqq 0$」は偽。
（反例：$a=1$，$b=-2$）
よって，② も偽である。

19 （ア）①，② （イ）② （ウ）②
（エ）①，②

解説 命題とその対偶の真偽，逆と裏の真偽はそれぞれ
一致するから，①，② の真偽と，①，② の逆の真偽
のみを調べればよい。
［① について］
$m=2p$，$n=2q$（p，q は自然数）とおくと
$mn=4pq$ となるから mn は偶数である。
ゆえに，命題① は真である。
［② について］
a，b がともに 3 の倍数でないと仮定して，
$a=3m+l$，$b=3n+k$（m，n は 0 以上の整数，
$l=1$，2，$k=1$，2）とおくと
$$ab=9mn+3(km+ln)+lk$$
lk のとりうる値は 1，2，4 であるから，ab は 3 の
倍数となることはない。これは，ab が 3 の倍数で
あることに矛盾する。
よって，命題② は真である。
［① の逆について］
「積 mn が偶数ならば m，n はともに偶数」は偽。
（反例：$m=2$，$n=1$）
［② の逆について］
a，b のうち少なくとも 1 つが 3 の倍数ならば，積
ab も 3 の倍数であることは明らかであるから，②
の逆は真。

20 （ア）偽 （イ）$x=2$ （ウ）$x^2=4$
（エ）真 （オ）⓪ （カ）偽 （キ）C
（ク）4

解説 命題Pは偽。（反例：$x=-2$）

命題Pの逆は「$x=2$ ならば $x^2=4$」であり，これは真。対偶の真偽はもとの命題Pの真偽と一致するから，対偶は偽。

よって，選択肢のうち空欄に当てはまるものは C

命題とその対偶の真偽は一致するから，選択肢のうち B，D，F，Gの4個はどんな命題に対しても当てはまらない。

21 （ア）$(1, 2)$ （イ）1 （ウ）-1
（エ）$\dfrac{3}{2}$

解説 (1) $-x^2+2x+1=-(x-1)^2+2$

ゆえに $y=-(x-1)^2+2$

よって，頂点は 点 $(1, 2)$

　　　　軸は 直線 $x=1$

(2) $\dfrac{1}{2}x^2+ax+2=\dfrac{1}{2}(x+a)^2+2-\dfrac{a^2}{2}$

ゆえに $y=\dfrac{1}{2}(x+a)^2+2-\dfrac{a^2}{2}$

よって，頂点は 点 $\left(-a, 2-\dfrac{a^2}{2}\right)$

これが点 $(1, b)$ と一致するから

$$-a=1, \quad 2-\dfrac{a^2}{2}=b$$

これを解いて $a=-1, b=\dfrac{3}{2}$

22 （ア）$(-1, -1)$ （イ）$y=(x+1)^2-1$
（ウ）-1 （エ）4

解説 (1) 放物線①の頂点は 点 $(1, -4)$

移動後の頂点は 点 $(1-2, -4+3)$

すなわち 点 $(-1, -1)$

よって，放物線①は $y=(x+1)^2-1$ に移る。

(2) 移動後の頂点は 点 $(1+a, -4+b)$

これが放物線 $y=x^2$ の頂点 $(0, 0)$ と一致するから

$$1+a=0, \quad -4+b=0$$

これを解いて $a=-1, b=4$

23 （ア）1 （イ）2 （ウ）3 （エ）-1
（オ）2 （カ）3

解説 (1) 3点 $(-1, 2)$, $(1, 6)$, $(2, 11)$ を通るから

$$2=a-b+c \quad \cdots\cdots ①$$
$$6=a+b+c \quad \cdots\cdots ②$$
$$11=4a+2b+c \quad \cdots\cdots ③$$

②－①から $b=2$

よって，③より $4a+c=7 \quad \cdots\cdots ④$

①＋②から $a+c=4 \quad \cdots\cdots ⑤$

④，⑤を解いて $a=1, c=3$

(2) x軸と2点 $(-1, 0)$, $(3, 0)$ で交わるから

$y=a(x+1)(x-3)$ とおける。

点 $(0, 3)$ を通るから $3=-3a$

ゆえに $a=-1$

よって $y=-(x+1)(x-3)$

すなわち $y=-x^2+2x+3$

24 （ア）$-(x-2)^2-1$ （イ）$(2, 1)$
（ウ）$(2, -1)$ （エ）⓪

解説 $y=(x-2)^2+1$ の y を $-y$ におきかえると

$$-y=(x-2)^2+1$$

すなわち $y=-(x-2)^2-1$

よって，放物線 $y=(x-2)^2+1$ を x軸に関して対称移動させた放物線の方程式は

$$y=-(x-2)^2-1$$

また，もとの放物線 $y=(x-2)^2+1$ の頂点の座標は

$$(2, 1)$$

ゆえに，移動後の放物線の頂点の座標は

$$(2, -1)$$

さらに，下に凸の放物線を x軸に関して対称移動させると，上に凸の放物線になる。

25 （ア）-3 （イ）-4 （ウ）6 （エ）-7
（オ）-1 （カ）7 （キ）1 （ク）-1

解説 (1) $x^2+6x+5=(x+3)^2-4$

よって $y=(x+3)^2-4$

ゆえに，$x=-3$ で最小値 -4

(2) 頂点の座標が $(3, 2)$ であるから

$y=-(x-3)^2+2$ すなわち $y=-x^2+6x-7$

よって $a=6, b=-7$

(3) $2x^2-4x+1=2(x-1)^2-1$

よって $y=2(x-1)^2-1$

$-1\leqq x\leqq 2$ において $x=-1$ で最大値 7

　　　　　　　　　　　　$x=1$ で最小値 -1

26 （ア）$-2a^2-4a+6$　（イ）-1　（ウ）8

解説 (1)　$2x^2-4ax-4a+6$

$\quad = 2(x-a)^2-2a^2-4a+6$

よって　$y=2(x-a)^2-2a^2-4a+6$

ゆえに　$m(a)=-2a^2-4a+6$

(2)　$-2a^2-4a+6=-2(a+1)^2+8$ から

$\quad\quad m(a)=-2(a+1)^2+8$

よって，$a=-1$ で最大値 8 をとる。

27　（ア）-1　（イ）$2a+4$　（ウ）2

　（エ）$-a^2+3$　（オ）$-4a+7$

解説 $f(x)=x^2-2ax+3$ とすると，

$x^2-2ax+3=(x-a)^2-a^2+3$ から

$\quad\quad f(x)=(x-a)^2-a^2+3$

よって，軸は直線 $x=a$ で，軸と定義域の端点との位置関係を考えると，次の 3 つの図の場合に分けられる。

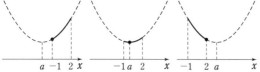

$a<-1$ のとき　$m=f(-1)=2a+4$

$-1\leqq a\leqq 2$ のとき　$m=f(a)=-a^2+3$

$2<a$ のとき　$m=f(2)=-4a+7$

参考 最小値 m を a の関数 $m(a)$ として，$b=m(a)$ のグラフをかくと，右の図のようになる。

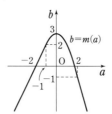

28　（ア）-1　（イ）$-a^2-2a+2$　（ウ）1

　（エ）3　（オ）$-a^2+2a+2$

解説 $f(x)=-x^2+2x+2$ とすると，

$-x^2+2x+2=-(x-1)^2+3$ から

$\quad\quad f(x)=-(x-1)^2+3$

よって，軸は直線 $x=1$ で，軸と定義域の端点の位置関係を考えると，次の 3 つの図の場合に分けられる。

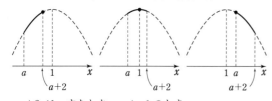

$a+2<1$ すなわち　$a<-1$ のとき

$\quad M=f(a+2)=-(a+1)^2+3=-a^2-2a+2$

$a\leqq 1\leqq a+2$ すなわち　$-1\leqq a\leqq 1$ のとき

$\quad M=f(1)=3$

$1<a$ のとき

$\quad M=f(a)$

$\quad\quad =-a^2+2a+2$

参考 最大値 M を a の関数 $M(a)$ として，$b=M(a)$ のグラフをかくと，右の図のようになる。

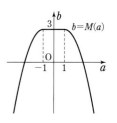

29 ②

解説 下に凸のグラフでは，頂点の y 座標が関数の最小値となる。

よって，放物線 $y=a(x-p)^2+q$ の頂点の y 座標は q であるから，q の値を変化させれば関数の最小値も変化する。

30　（ア）$x=3,\ 4$　（イ）$x=\dfrac{3\pm\sqrt{17}}{4}$

（ウ）　$x=3\pm\sqrt{7}$

解説 (1)　$x^2-7x+12=0$ から

$\quad\quad (x-3)(x-4)=0$

よって　$x=3,\ 4$

(2)　解の公式から

$$x=\frac{3\pm\sqrt{(-3)^2-4\cdot 2\cdot(-1)}}{2\cdot 2}=\frac{3\pm\sqrt{17}}{4}$$

(3)　方程式の両辺に 2 を掛けて　$x^2-6x+2=0$

解の公式から

$$x=3\pm\sqrt{(-3)^2-1\cdot 2}=3\pm\sqrt{7}$$

参考 2 次方程式 $ax^2+2b'x+c=0$ の解は

$$x=\frac{-b'\pm\sqrt{b'^2-ac}}{a}$$

31　（ア）-1　（イ）$\dfrac{5}{3}$　（ウ）-1　（エ）1

解説 この 2 次方程式の判別式を D とすると，条件から

$$D=(1-3k)^2-4\cdot 2\cdot 2=0$$

ゆえに　$9k^2-6k-15=0$

よって　$(k+1)(3k-5)=0$

したがって　$k=-1,\ \dfrac{5}{3}$

また，重解は　$x=-\dfrac{1-3k}{2\cdot 2}=\dfrac{3k-1}{4}$

よって　$k=-1$ のとき，重解は $x=-1$

$\quad\quad k=\dfrac{5}{3}$ のとき，重解は $x=1$

32 (ア) $\left(\dfrac{5}{2},\ 0\right)$ (イ) $\dfrac{3}{2}$ (ウ) $m>-\dfrac{5}{8}$

解説 (1) $4x^2-20x+25=0$ を解くと

$$(2x-5)^2=0$$
$$x=\dfrac{5}{2}$$

よって，共有点の座標は $\left(\dfrac{5}{2},\ 0\right)$

(2) $2x^2+x-1=0$ を解くと

$$(x+1)(2x-1)=0$$
$$x=-1,\ \dfrac{1}{2}$$

よって，切り取る線分の長さは $\dfrac{1}{2}-(-1)=\dfrac{3}{2}$

(3) 2 次方程式 $2x^2-x+3m+2=0$ の判別式を D とすると

$$D=(-1)^2-4\cdot2(3m+2)=-24m-15$$
$$=-3(8m+5)$$

2 次関数のグラフが x 軸と共有点をもたないための条件は，$D<0$ であるから

$$-3(8m+5)<0$$

よって $m>-\dfrac{5}{8}$

33 (ア) x (イ) 2 (ウ) 負 (エ) ③

解説 2 次方程式 $19x^2-47x-28=0$ の実数解の個数は 2 次関数 $y=19x^2-47x-28$ のグラフと x 軸との共有点の個数と一致する。

右の図より 2 次関数
$y=19x^2-47x-28$ のグラフは
x 軸と 2 個の共有点をもつ。
よって，2 次方程式
$19x^2-47x-28=0$ の実数解の
個数は 2 個
また，2 次関数 $y=ax^2+bx+c$ の y 切片の値は，c の値と一致する。
ゆえに，a が正の数のとき 2 次方程式
$ax^2+bx+c=0$ の実数解の個数は，c の値が負ならば 2 個となる。
2 次関数のグラフが下に凸で，y 切片の値が負であるとき，グラフは x 軸と 2 個の共有点をもつ。

参考 2 次関数のグラフが下に凸で，y 切片の値が負であるとき，グラフは x 軸と $x>0$ の範囲で 1 つ，$x<0$ の範囲で 1 つ共有点をもつ。

また，他の選択肢⓪，①，②については，x 軸と 2 個の共有点をもたない例がつくれる。

34 (ア) $x\leqq1,\ 3\leqq x$ (イ) $-\dfrac{1}{2}<x<1$

(ウ) $-3<x<1$ (エ) $x=5$

(オ) すべての実数

解説 (1) $(x-1)(x-3)\geqq0$ から $x\leqq1,\ 3\leqq x$

(2) $(2x+1)(x-1)<0$ から $-\dfrac{1}{2}<x<1$

(3) 不等式の両辺に -2 を掛けて $x^2+2x-3<0$
よって $(x+3)(x-1)<0$ から
$$-3<x<1$$

(4) $x^2-10x+25=(x-5)^2$ であるから，不等式は
$$(x-5)^2\leqq0$$
よって，解は $x=5$

(5) $x^2+8x+18=(x+4)^2+2$ であるから，不等式は
$$(x+4)^2+2>0$$
よって，解は すべての実数

(4) 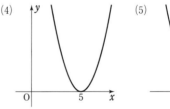 (5)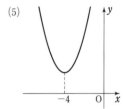

35 $\dfrac{1}{2}<x\leqq1$

解説 $-x^2+x\geqq0$ すなわち $x^2-x\leqq0$ を解くと
$x(x-1)\leqq0$ から $0\leqq x\leqq1$ …… ①
$2x^2+x-1>0$ を解くと

$(x+1)(2x-1)>0$ から $x<-1,\ \dfrac{1}{2}<x$ …… ②

①，②の共通範囲を求めて $\dfrac{1}{2}<x\leqq1$

36 (ア) 0 (イ) ① (ウ) ②

(エ) $-9<k<0,\ 0<k<1$

解説 $2kx^2+2(k-3)x+k+1=0$ …… ① において x^2 の係数が 0 のとき，すなわち $2k=0$ のときこの方程式は 2 次方程式ではなくなる。
$2k=0$ のとき $k=0$

(1) $k=0$ のとき，方程式①は $-6x+1=0$
すなわち $x=\dfrac{1}{6}$
よって，実数解を 1 つもつ。

(2) $k \neq 0$ のとき，方程式①は2次方程式であるから，判別式を D とすると，2次方程式①が異なる2つの実数解をもつための条件は　　$D > 0$

(3) $k \neq 0$ のとき

$$\frac{D}{4} = (k-3)^2 - 2k(k+1) = -k^2 - 8k + 9$$

よって，(2)から　　$-k^2 - 8k + 9 > 0$

すなわち　　$(k+9)(k-1) < 0$

よって　　$-9 < k < 1$

$k \neq 0$ であるから　　$-9 < k < 0,\ 0 < k < 1$

$k = 0$ のときとあわせて，問題Aの答えは

$$-9 < k < 0,\ 0 < k < 1$$

参考 2次方程式 $ax^2 + 2b'x + c = 0$ においては，$D = 4(b'^2 - ac)$ であるから D の代わりに $\dfrac{D}{4} = b'^2 - ac$ を用いて解の種類を判別できる。

37 (ア) 1 (イ) -6 (ウ) $-\dfrac{1}{6}$ (エ) $\dfrac{1}{6}$

(オ) -3 (カ) 2

解説 (1) $x < -3,\ 2 < x \iff (x+3)(x-2) > 0$
$$\iff x^2 + x - 6 > 0$$

係数を比較して　$a = 1,\ b = -6$

(2) $-2 \leqq x \leqq 3 \iff (x+2)(x-3) \leqq 0$
$$\iff x^2 - x - 6 \leqq 0$$

両辺に $-\dfrac{1}{6}$ を掛けて　$-\dfrac{1}{6}x^2 + \dfrac{1}{6}x + 1 \geqq 0$

係数を比較して　$a = -\dfrac{1}{6},\ b = \dfrac{1}{6}$

(3) $x^2 - 3x - 4 \leqq 0$ を解くと

$(x+1)(x-4) \leqq 0$ から　$-1 \leqq x \leqq 4$

よって，題意を満たすためには $x^2 + ax + b \geqq 0$ の解が $x \leqq 1,\ 2 \leqq x$ となればよい。

したがって　$(x-1)(x-2) \geqq 0$

ゆえに　$x^2 - 3x + 2 \geqq 0$

係数を比較して　$a = -3,\ b = 2$

38 (ア) $m < -3,\ 2 < m$ (イ) $2 < m < 6$

(ウ) $m > 6$

解説 (1) $f(x) = x^2 - 2mx - m + 6$ とおき，2次方程式 $f(x) = 0$ の判別式を D とすると

$$\frac{D}{4} = (-m)^2 - 1 \cdot (-m+6)$$
$$= m^2 + m - 6 = (m+3)(m-2)$$

グラフ C が x 軸と異なる2点で交わるための条件は，

$D > 0$ であるから
$$(m+3)(m-2) > 0$$

よって　　$m < -3,\ 2 < m$

(2) グラフ C は下に凸の放物線で，軸は直線 $x = m$ である。

よって，グラフ C が x 軸の正の部分と異なる2点で交わるための条件は，次の[1]～[3]が同時に成り立つことである。

　[1]　$D > 0$

　[2]　軸について　$m > 0$　……①

　[3]　$f(0) > 0$

(1)の結果より，[1]から
$$m < -3,\ 2 < m\ \ …… ②$$

[3]から　　$-m + 6 > 0$

よって　　$m < 6$　……③

①～③の共通範囲を求めて　　$2 < m < 6$

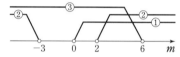

(3) グラフ C が x 軸の正の部分と負の部分の両方で交わるための条件は
$$f(0) < 0\ \ \text{すなわち}\ \ -m + 6 < 0$$

よって　　$m > 6$

39 (ア) $-a < x < a$ (イ) $-2 < x < 3$

(ウ) ① (エ) $0 < a \leqq 2$

解説 不等式(A)について　　$(x+a)(x-a) < 0$

a は正の数であるから　　$-a < x < a$

不等式(B)について，$(x+2)(x-3) < 0$ から
$$-2 < x < 3$$

不等式(A)を満たすすべての x が，不等式(B)を満たすとき，不等式(A)を満たす実数 x 全体の集合を A，不等式(B)を満たす実数 x 全体の集合を B とすると，$A \subset B$ が成り立つ。

よって，条件(*)として適する図は　①

右の図より，a が満たすべき条件は

$$-2 \leqq -a\ \ \text{かつ}\ \ a \leqq 3$$

すなわち　$a \leqq 2$

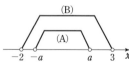

$a > 0$ とあわせて，求める a の範囲は　$0 < a \leqq 2$

40 (ア) $\dfrac{2\sqrt{2}}{3}$　(イ) $\dfrac{1}{2\sqrt{2}}$　(ウ) $-\dfrac{2}{\sqrt{5}}$

(エ) $\dfrac{1}{\sqrt{5}}$

解説 (1) $0°\leqq\theta\leqq90°$ において $\cos\theta\geqq0$ であるから

$\cos\theta=\sqrt{1-\sin^2\theta}=\sqrt{1-\left(\dfrac{1}{3}\right)^2}=\dfrac{2\sqrt{2}}{3}$

$\tan\theta=\dfrac{\sin\theta}{\cos\theta}=\dfrac{1}{3}\div\dfrac{2\sqrt{2}}{3}=\dfrac{1}{3}\cdot\dfrac{3}{2\sqrt{2}}$

$\qquad=\dfrac{1}{2\sqrt{2}}$

(2) $0°\leqq\theta\leqq180°$ において $\tan\theta<0$ のとき
$90°<\theta<180°$ であるから　$\cos\theta<0$

よって　$\cos\theta=-\sqrt{\dfrac{1}{1+\tan^2\theta}}$

$\qquad\qquad=-\sqrt{\dfrac{1}{1+\left(-\dfrac{1}{2}\right)^2}}$

$\qquad\qquad=-\sqrt{\dfrac{4}{5}}=-\dfrac{2}{\sqrt{5}}$

$\qquad\sin\theta=\tan\theta\cdot\cos\theta$

$\qquad\qquad=-\dfrac{1}{2}\cdot\left(-\dfrac{2}{\sqrt{5}}\right)=\dfrac{1}{\sqrt{5}}$

41 (ア) 0　(イ) 0　(ウ) 20

解説 (1) （与式）
$\quad=\tan(90°+50°)\tan50°+\sin^270°+\sin^2(90°-70°)$

$\quad=-\dfrac{1}{\tan50°}\cdot\tan50°+\sin^270°+\cos^270°$

$\quad=-1+1=0$

(2)（与式）$=\sin(90°-10°)+\cos(90°+20°)$
$\qquad\qquad\quad+\sin(180°-20°)+\cos(180°-10°)$
$\qquad\quad=\cos10°-\sin20°+\sin20°-\cos10°=0$

(3)（与式）$=\dfrac{2(1-\sin\theta)+2(1+\sin\theta)}{(1+\sin\theta)(1-\sin\theta)}$

$\qquad\quad=\dfrac{4}{1-\sin^2\theta}=\dfrac{4}{\cos^2\theta}$

ここで　$\dfrac{1}{\cos^2\theta}=1+\tan^2\theta=1+2^2=5$

よって　（与式）$=4\cdot5=20$

42 (ア) $\dfrac{1}{4}$　(イ) -2

解説 $\cos\theta=t$ とおくと　$-1\leqq t\leqq1$ …… ①
また　$y=(1-t^2)+t-1=-t^2+t$
ここで　$-t^2+t=-\left(t-\dfrac{1}{2}\right)^2+\dfrac{1}{4}$

よって　$y=-\left(t-\dfrac{1}{2}\right)^2+\dfrac{1}{4}$

ゆえに，① において，$t=\dfrac{1}{2}$ で最大値 $\dfrac{1}{4}$，

$t=-1$ で最小値 -2 をとる。

43 (ア) ①　(イ) ②

解説 $90°<\theta<180°$ において，$\tan\theta$ は負の値になる。

よって，$\dfrac{12}{5}>0$ であることから，$\tan\theta=\dfrac{12}{5}$ は間違い
である。

また，$\cos\theta$ は常に -1 以上 1 以下の値になる。

よって，$\dfrac{\sqrt{35}}{5}=\sqrt{\dfrac{35}{25}}>1$ であることから，

$\cos\theta=\dfrac{\sqrt{35}}{5}$ は間違いである。

参考 (ア)，(イ)の解答群の他の選択肢の文章は全て誤
った内容が書かれている。

また，(i)の正しい答えは　$-\dfrac{12}{5}$

(ii)の正しい答えは　$\dfrac{\sqrt{15}}{5}$

44 (ア) 6　(イ) $3\sqrt{2}$　(ウ) 2　(エ) 30
(オ) 105

解説 (1) $C=180°-(45°+75°)=60°$

正弦定理から　$\dfrac{a}{\sin45°}=\dfrac{3\sqrt{6}}{\sin60°}=2R$

ゆえに　$a\sqrt{2}=6\sqrt{2}=2R$
よって　$a=6$，$R=3\sqrt{2}$

(2) 余弦定理から
$\quad a^2=(\sqrt{2})^2+(1+\sqrt{3})^2-2\sqrt{2}(1+\sqrt{3})\cos45°$
$\qquad=2+1+3+2\sqrt{3}-2-2\sqrt{3}=4$

$a>0$ であるから　$a=2$

正弦定理から　$\dfrac{\sqrt{2}}{\sin B}=\dfrac{2}{\sin45°}$

ゆえに，$2\sin B=1$ から　$\sin B=\dfrac{1}{2}$

よって　$B=30°$，$150°$
$B=150°$ とすると $A+B>180°$ となり不適。
したがって　$B=30°$
ゆえに　$C=180°-(A+B)$
$\qquad\qquad=180°-(45°+30°)=105°$

参考 $B=150°$ が不適であることについて
$a>b$ より $A>B$ であり，$A=45°$ であるから $B=150°$
は不適としてもよい。

45 （ア） 6　（イ） 5　（ウ） 4　（エ） $\dfrac{1}{8}$

解説　$\begin{cases} a+b=11k & \cdots\cdots ① \\ b+c=9k & \cdots\cdots ② \\ c+a=10k & \cdots\cdots ③ \end{cases}$

とおく。

①＋②＋③ から　$2(a+b+c)=30k$

したがって　$a+b+c=15k\ \cdots\cdots ④$

①〜④ から　$a=6k,\ b=5k,\ c=4k$

正弦定理により

$$\dfrac{a}{\sin A}=\dfrac{b}{\sin B}=\dfrac{c}{\sin C}$$

よって　$\sin A:\sin B:\sin C=a:b:c$
$$=6:5:4$$

また，余弦定理により

$$\cos A=\dfrac{(5k)^2+(4k)^2-(6k)^2}{2\cdot 5k\cdot 4k}=\dfrac{5k^2}{2\cdot 5\cdot 4k^2}=\dfrac{1}{8}$$

46 （ア） 7　（イ） 120　（ウ） 3　（エ） $\dfrac{7\sqrt{3}}{3}$

解説　(1)　△ABC において，余弦定理により
$$AC^2=8^2+3^2-2\cdot 8\cdot 3\cos 60°=49$$
AC＞0 であるから　AC＝7

(2)　$\angle ADC=180°-\angle ABC=180°-60°=120°$
　△ACD において，余弦定理により
$$7^2=AD^2+5^2-2\cdot AD\cdot 5\cos 120°$$
ゆえに　$AD^2+5AD-24=0$
よって　$(AD+8)(AD-3)=0$
AD＞0 であるから　AD＝3

(3)　△ABC において，正弦定理により
$$\dfrac{AC}{\sin\angle ABC}=2R\ \ \text{すなわち}\ \ \dfrac{7}{\sin 60°}=2R$$
よって　$R=\dfrac{7}{2\sin 60°}=\dfrac{7}{2}\cdot\dfrac{2}{\sqrt{3}}=\dfrac{7\sqrt{3}}{3}$

47 （ア） 余弦　（イ） 120　（ウ） 255
　　　（エ） ＞　（オ） ＞

解説　余弦定理から
$$\cos A=\dfrac{2^2+(\sqrt{3}-1)^2-(\sqrt{6})^2}{2\cdot 2(\sqrt{3}-1)}$$
$$=\dfrac{2-2\sqrt{3}}{4(\sqrt{3}-1)}=-\dfrac{1}{2}$$

ゆえに，$\cos A=-\dfrac{1}{2}$ から　$A=120°$

$B=135°$ とすると

$A+B=255°>180°$ となるが，三角形の内角の和が

180° であることから，$B=135°$ は不適。

また，$a>b$ より $A>B$ であるから，$B=135°$ は不適。

48 （ア）（イ）　AB，AC

解説　△ABC の外接円の半径を R とする。

正弦定理，余弦定理により，等式は

$$c\cdot\dfrac{a}{2R}\cdot\dfrac{c^2+a^2-b^2}{2ca}=a\cdot\dfrac{b}{2R}\cdot\dfrac{a^2+b^2-c^2}{2ab}$$

整理して　$c^2+a^2-b^2=a^2+b^2-c^2$

ゆえに　$b^2=c^2$　　$b>0,\ c>0$ から　$b=c$

よって，AB＝AC の二等辺三角形

49 （ア） $\dfrac{9}{16}$　（イ） $\dfrac{5\sqrt{7}}{16}$　（ウ） $\dfrac{15\sqrt{7}}{4}$

　　　（エ） $\dfrac{8\sqrt{7}}{7}$　（オ） $\dfrac{\sqrt{7}}{2}$

解説　(1)　余弦定理により
$$\cos\theta=\dfrac{6^2+4^2-5^2}{2\cdot 6\cdot 4}=\dfrac{27}{48}=\dfrac{9}{16}$$

(2)　$\sin\theta>0$ であるから
$$\sin\theta=\sqrt{1-\cos^2\theta}=\sqrt{1-\left(\dfrac{9}{16}\right)^2}$$
$$=\dfrac{5\sqrt{7}}{16}$$

(3)　$S=\dfrac{1}{2}\cdot 6\cdot 4\sin\theta=12\cdot\dfrac{5\sqrt{7}}{16}=\dfrac{15\sqrt{7}}{4}$

(4)　正弦定理により
$$2R=\dfrac{CA}{\sin\theta}$$
よって　$R=\dfrac{1}{2}\cdot 5\cdot\dfrac{16}{5\sqrt{7}}=\dfrac{8\sqrt{7}}{7}$

(5)　$S=\dfrac{r}{2}(a+b+c)$ から
$$r=\dfrac{2S}{a+b+c}=\dfrac{2}{4+5+6}\cdot\dfrac{15\sqrt{7}}{4}=\dfrac{\sqrt{7}}{2}$$

50 （ア） $-\dfrac{11}{14}$　（イ） $\dfrac{5\sqrt{3}}{4}$

解説　(1)　△ABC，△ACD にそれぞれ余弦定理を適用
　すると
$$AC^2=1^2+1^2-2\cdot 1\cdot 1\cdot\cos\theta$$
$$=2-2\cos\theta$$
$$AC^2=3^2+2^2-2\cdot 3\cdot 2\cos(180°-\theta)$$
$$=13+12\cos\theta$$

ゆえに　$2-2\cos\theta=13+12\cos\theta$

よって，$14\cos\theta=-11$ から　$\cos\theta=-\dfrac{11}{14}$

(2) $\sin\theta>0$ であるから

$$\sin\theta=\sqrt{1-\cos^2\theta}=\sqrt{1-\left(-\dfrac{11}{14}\right)^2}$$

$$=\dfrac{5\sqrt{3}}{14}$$

したがって

$$\triangle ABC=\dfrac{1}{2}AB\cdot BC\sin\theta$$

$$=\dfrac{1}{2}\cdot1\cdot1\cdot\dfrac{5\sqrt{3}}{14}=\dfrac{5\sqrt{3}}{28}$$

$$\triangle ACD=\dfrac{1}{2}AD\cdot CD\sin(180°-\theta)$$

$$=\dfrac{1}{2}\cdot3\cdot2\sin\theta=\dfrac{15\sqrt{3}}{14}$$

よって

$$S=\triangle ABC+\triangle ACD=\dfrac{5\sqrt{3}}{28}+\dfrac{15\sqrt{3}}{14}=\dfrac{5\sqrt{3}}{4}$$

51 (ア) $5\sqrt{7}$　(イ) 2　(ウ) 3　(エ) $2\sqrt{7}$

(オ) $\dfrac{5}{2}x$　(カ) $\dfrac{15}{4}x$　(キ) $\dfrac{75\sqrt{3}}{2}$

(ク) $6\sqrt{3}$

解説 (1) 余弦定理により

$$BC^2=AB^2+AC^2-2AB\cdot AC\cos60°$$

$$=10^2+15^2-2\cdot10\cdot15\cdot\dfrac{1}{2}=175$$

$BC>0$ であるから　$BC=5\sqrt{7}$

また　$BD:DC=AB:AC=10:15=2:3$　であるか

ら　$BD=\dfrac{2}{2+3}BC=2\sqrt{7}$

(2) $\triangle ABD=\dfrac{1}{2}AB\cdot AD\sin30°$

$$=\dfrac{1}{2}\cdot10\cdot x\cdot\dfrac{1}{2}=\dfrac{5}{2}x$$

$$\triangle ACD=\dfrac{1}{2}AC\cdot AD\sin30°$$

$$=\dfrac{1}{2}\cdot15\cdot x\cdot\dfrac{1}{2}=\dfrac{15}{4}x$$

また　$\triangle ABC=\dfrac{1}{2}AB\cdot AC\sin60°$

$$=\dfrac{1}{2}\cdot10\cdot15\cdot\dfrac{\sqrt{3}}{2}=\dfrac{75\sqrt{3}}{2}$$

ゆえに　$\dfrac{5}{2}x+\dfrac{15}{4}x=\dfrac{75\sqrt{3}}{2}$

$$\dfrac{25}{4}x=\dfrac{75\sqrt{3}}{2}$$

よって　$x=\dfrac{75\sqrt{3}}{2}\cdot\dfrac{4}{25}=6\sqrt{3}$

52 (ア) $\dfrac{\sqrt{3}}{2}$　(イ) $\dfrac{1}{3}$　(ウ) $\dfrac{2\sqrt{2}}{3}$

(エ) $AM\sin\theta$　(オ) $\dfrac{\sqrt{6}}{3}$　(カ) $\dfrac{\sqrt{2}}{12}$

解説 $AM=MD=\sqrt{1^2-\left(\dfrac{1}{2}\right)^2}=\dfrac{\sqrt{3}}{2}$

よって，$\triangle AMD$ において余弦定理により

$$\cos\theta=\dfrac{AM^2+MD^2-AD^2}{2AM\cdot MD}$$

$$=\dfrac{\left(\dfrac{\sqrt{3}}{2}\right)^2+\left(\dfrac{\sqrt{3}}{2}\right)^2-1^2}{2\cdot\dfrac{\sqrt{3}}{2}\cdot\dfrac{\sqrt{3}}{2}}=\dfrac{1}{3}$$

$0°<\theta<90°$ から　$\sin\theta>0$

よって　$\sin\theta=\sqrt{1-\cos^2\theta}=\sqrt{1-\left(\dfrac{1}{3}\right)^2}=\dfrac{2\sqrt{2}}{3}$

$\triangle AMH$ において，$\angle AHM=90°$ より

$$AH=AM\sin\theta$$

したがって　$AH=AM\sin\theta=\dfrac{\sqrt{3}}{2}\cdot\dfrac{2\sqrt{2}}{3}=\dfrac{\sqrt{6}}{3}$

$\triangle BCD=\dfrac{1}{2}\cdot1\cdot1\sin60°=\dfrac{\sqrt{3}}{4}$ であるから

$$V=\dfrac{1}{3}AH\cdot\triangle BCD$$

$$=\dfrac{1}{3}\cdot\dfrac{\sqrt{6}}{3}\cdot\dfrac{\sqrt{3}}{4}=\dfrac{\sqrt{2}}{12}$$

53 (ア) 8　(イ) 7.5　(ウ) 8

解説 平均値は

$$\dfrac{1}{10}(7+8+7+3+5+10+8+4+9+a)=\dfrac{61+a}{10}$$

平均値が 6.9 であるとき　$\dfrac{61+a}{10}=6.9$

これを解くと　$a=8$

大きさの順に並べると

3，4，5，7，7，8，8，8，9，10

データの大きさは 10 であるから，中央値は 5 番目の
値と 6 番目の値の平均値である。

よって，中央値は　$\dfrac{1}{2}(7+8)=7.5$

また，最頻値は 8 である。

54 （ア） 2.9 （イ） 2.5 （ウ） 2

解説 平均値は

$$\frac{1}{20}(0\times2+1\times3+2\times5+3\times2+4\times3+5\times3+6\times2)$$

$$=\frac{58}{20}=2.9\text{（点）}$$

得点の小さい方から 10 試合目は 2 点, 11 試合目は 3 点であるから, 中央値は $\frac{1}{2}(2+3)=2.5$（点）

また, 最頻値は 2 点である。

55 （ア） 5 （イ） 2.5 （ウ） B

解説 大きさの順に並べると

A市

　4, 5, 5, 6, 9, 10, 10, 10, 10, 11, 12, 13

B市

　4, 5, 5, 6, 7, 8, 8, 9, 11, 11, 12, 13

A市の第 1 四分位数は $Q_1=\dfrac{5+6}{2}=5.5$（日）

　　　第 3 四分位数は $Q_3=\dfrac{10+11}{2}=10.5$（日）

四分位範囲は $Q_3-Q_1=10.5-5.5=5$（日）

四分位偏差は $\dfrac{Q_3-Q_1}{2}=\dfrac{5}{2}=2.5$（日）

B市の第 1 四分位数は $Q_1=\dfrac{5+6}{2}=5.5$（日）

　　　第 3 四分位数は $Q_3=11$（日）

四分位範囲は $Q_3-Q_1=11-5.5=5.5$（日）

B市の方が四分位範囲が大きいから, B市の方がデータの散らばりの度合いが大きいと考えられる。

56 （ア） 国語 （イ） 社会 （ウ） ⓪, ③

解説 四分位範囲を表すのは箱の長さであるから, 最も短い国語が最も小さい。

第 3 四分位数は Q_3 は, 点数の高い方から 18 番目の得点であるから, 80 点以上の生徒が 18 人以上いる教科は $Q_3>80$ である社会である。

国語と社会の最小値は 20 点以上であるが, 算数の最小値は 20 点未満である。

また, 第 1 四分位数 Q_1 は, 点数の低い方から 18 番目の得点である。

国語と社会の第 1 四分位数は 40 点以上であるが, 算数の第 1 四分位数は 40 点以下であるから, 40 点以下の生徒が 18 人以上いる。

参考 他の選択肢①②については, この箱ひげ図からは判断できない。

57 （ア） 11 （イ） 4 （ウ） 2

解説 (1) $\bar{x}=\dfrac{1}{8}(12+9+15+11+8+12+11+10)$

$$=\frac{88}{8}=11\text{（分）}$$

(2) $s^2=\dfrac{1}{8}\{(12-11)^2+(9-11)^2+(15-11)^2+(11-11)^2$

$$+(8-11)^2+(12-11)^2+(11-11)^2+(10-11)^2\}$$

$$=\frac{32}{8}=4$$

$$s=\sqrt{4}=2\text{（分）}$$

別解 $\overline{x^2}=\dfrac{1}{8}(12^2+9^2+15^2+11^2+8^2+12^2+11^2+10^2)$

$$=\frac{1000}{8}=125$$

よって $s^2=\overline{x^2}-(\bar{x})^2=125-11^2=4$

$$s=\sqrt{4}=2\text{（分）}$$

58 （ア） 6 （イ） 13

解説 平均値は $\dfrac{6\times3+9\times8}{15}=\dfrac{90}{15}=6$

6 個の値の 2 乗の平均値を a とすると

$$4=a-3^2\quad\text{すなわち}\quad a=13$$

9 個の値の 2 乗の平均値を b とすると

$$9=b-8^2\quad\text{すなわち}\quad b=73$$

よって, 15 個の値の 2 乗の平均値は

$$\frac{6\times13+9\times73}{15}=\frac{735}{15}=49$$

ゆえに, 15 個の値の分散は

$$49-6^2=13$$

59 （ア） -2 （イ） 4 （ウ） 6 （エ） 0.41

（オ） ②

解説 $x=20, y=12$ のとき

$$x-\bar{x}=-2,\ (x-\bar{x})^2=4,\ (x-\bar{x})(y-\bar{y})=6$$

$s_x=\sqrt{\dfrac{150}{10}},\ s_y=\sqrt{\dfrac{60}{10}},\ s_{xy}=\dfrac{39}{10}$ であるから

$$r=\frac{s_{xy}}{s_x s_y}=\frac{\dfrac{39}{10}}{\sqrt{\dfrac{150}{10}}\sqrt{\dfrac{60}{10}}}=\frac{39}{\sqrt{150}\sqrt{60}}$$

$$=\frac{13\sqrt{10}}{100}=\frac{13\times3.16}{100}$$

$$=0.4108\fallingdotseq0.41$$

$x=22, y=15$ を加えたときの平均値を $\bar{x}', \bar{y}'$ とすると $\bar{x}'=22, \bar{y}'=15$

また，追加後の x の標準偏差，y の標準偏差，共分散，相関係数をそれぞれ $s_x{}'$，$s_y{}'$，$s_{xy}{}'$，r' とすると

$$s_x{}'=\sqrt{\frac{150}{11}}, \quad s_y{}'=\sqrt{\frac{60}{11}}, \quad s_{xy}{}'=\frac{39}{11}$$

よって

$$r'=\frac{s_{xy}{}'}{s_x{}'s_y{}'}=\frac{\dfrac{39}{11}}{\sqrt{\dfrac{150}{11}}\sqrt{\dfrac{60}{11}}}=\frac{39}{\sqrt{150}\sqrt{60}}=r$$

したがって，データを追加しても相関係数は変わらない。

参考 今回の問題では追加したデータがもとのデータの平均値と一致していたから，相関係数は変化しなかった。一般にデータを追加，削除，変更した場合，平均値や相関係数の値は変化する場合が多い。

60 (ア) 13 (イ) 29

解説 50人の生徒を全体集合 U とし，数学の合格者，英語の合格者の集合を，それぞれ A，B とすると，$n(A)=20$，$n(B)=35$，$n(\overline{A \cup B})=8$ である。

(1) 2科目とも合格した者の集合は $A \cap B$
ここで $n(A \cup B)=n(U)-n(\overline{A \cup B})=50-8=42$
よって $n(A \cap B)=n(A)+n(B)-n(A \cup B)$
$$=20+35-42$$
$$=13 \ (\text{人})$$

(2) 数学，英語のうち1科目だけ合格した者の集合は，それぞれ
$A \cap \overline{B}$，$\overline{A} \cap B$
よって

$$n(A \cap \overline{B})+n(\overline{A} \cap B)$$
$$=n(A)-n(A \cap B)$$
$$\quad +n(B)-n(A \cap B)$$
$$=20-13+35-13$$
$$=29 \ (\text{人})$$

61 (ア) 26 (イ) 87 (ウ) 36 (エ) 22

解説 100以上200以下の自然数を全体集合 U とし，4，7の倍数の集合を，それぞれ A，B とする。

(1) $A=\{4 \cdot 25, \ 4 \cdot 26, \ \cdots, \ 4 \cdot 50\}$ より
$$n(A)=50-25+1=26$$

(2) $B=\{7 \cdot 15, \ 7 \cdot 16, \ \cdots, \ 7 \cdot 28\}$ より
$$n(B)=28-15+1=14$$
また，$U=\{100, \ 101, \ \cdots, \ 200\}$ より
$$n(U)=200-100+1=101$$

よって $n(\overline{B})=n(U)-n(B)$
$$=101-14=87$$

(3) $A \cap B$ は28の倍数の集合を表すから
$A \cap B=\{28 \cdot 4, \ 28 \cdot 5, \ 28 \cdot 6, \ 28 \cdot 7\}$ より
$$n(A \cap B)=4$$
よって $n(A \cup B)=n(A)+n(B)-n(A \cap B)$
$$=26+14-4=36$$

(4) $n(A \cap \overline{B})=n(A)-n(A \cap B)$
$$=26-4=22$$

62 (ア) 16 (イ) 47 (ウ) 74

解説 1から100までの自然数における2，3，5の倍数の集合を，それぞれ A，B，C とする。

(1) $A \cap B$ は6の倍数の集合を表すから
$A \cap B=\{6 \cdot 1, \ 6 \cdot 2, \ \cdots, \ 6 \cdot 16\}$ より $n(A \cap B)=16$

(2) $B=\{3 \cdot 1, \ 3 \cdot 2, \ \cdots, \ 3 \cdot 33\}$ より $n(B)=33$
$C=\{5 \cdot 1, \ 5 \cdot 2, \ \cdots, \ 5 \cdot 20\}$ より $n(C)=20$
$B \cap C$ は15の倍数の集合を表すから
$B \cap C=\{15 \cdot 1, \ 15 \cdot 2, \ \cdots, \ 15 \cdot 6\}$ より $n(B \cap C)=6$
ゆえに $n(B \cup C)=n(B)+n(C)-n(B \cap C)$
$$=33+20-6=47$$

(3) $A=\{2 \cdot 1, \ 2 \cdot 2, \ \cdots, \ 2 \cdot 50\}$ より $n(A)=50$
$C \cap A$ は10の倍数の集合を表すから
$C \cap A=\{10 \cdot 1, \ 10 \cdot 2, \ \cdots, \ 10 \cdot 10\}$ より
$$n(C \cap A)=10$$
また，$A \cap B \cap C$ は30の倍数の集合を表すから
$A \cap B \cap C=\{30 \cdot 1, \ 30 \cdot 2, \ 30 \cdot 3\}$ より
$$n(A \cap B \cap C)=3$$
したがって
$$n(A \cup B \cup C)=n(A)+n(B)+n(C)-n(A \cap B)$$
$$\qquad -n(B \cap C)-n(C \cap A)$$
$$\qquad +n(A \cap B \cap C)$$
$$=50+33+20-16-6-10+3$$
$$=74$$

63 (ア) 12 (イ) 23

解説 $n(\overline{A} \cap \overline{B})=n(\overline{A \cup B})$
$$=n(U)-n(A \cup B)$$
$$=80-68=12$$
$n(A \cap \overline{B})=n(A \cup B)-n(A \cap B)-n(\overline{A} \cap B)$
$$=68-15-30=23$$

64 (ア) ② (イ) 15

解説 海外旅行者60人の集合を全体集合 U とし，アメ

リカ，カナダに旅行したことがある者の集合をそれぞれ A，B とすると

$n(U)=60$，$n(A)=42$，$n(B)=33$

$n(A)>n(B)$ であるから

$n(A\cap B)$ は $A\supset B$ のとき，すなわち右の図のようになるとき最大となる。

また，$n(A\cap B)$ は $A\cup B=U$ のとき最小となり，このとき

$n(A\cap B)=n(A)+n(B)-n(U)$
$=42+33-60=15$

65 （ア）5040 （イ）1440 （ウ）1440

解説 (1)　$_7P_7=7!=5040$（通り）

(2) AさんとBさん2人を1人と考えると，並び方は $_6P_6$ 通りある。そのおのおのについて，AさんとBさんの並び方が $2!$ 通りあるから

$_6P_6\times2!=6!\times2!=1440$（通り）

(3) 男子4人が並んだ後に，その間および両端の5か所に女子3人が1人ずつ入る並び方を考えて

$_4P_4\times_5P_3=4!\times5\times4\times3=1440$（通り）

66 （ア）720 （イ）144 （ウ）240
（エ）144

解説 (1)　7人が並ぶ円順列であるから

$(7-1)!=720$（通り）

(2) 男子3人を1人と考えると，並び方は

$(5-1)!=4!$ 通りあり，そのおのおのについて，男子の並び方が $3!$ 通りあるから

$4!\times3!=144$（通り）

(3) 特定の男子aと女子bを1組と考えて輪になる方法は　$(6-1)!=5!$（通り）

そのおのおのについて，特定の男女の並び方は $2!$ 通りあるから，求める場合の数は

$5!\times2!=240$（通り）

(4) 女子4人が輪になる方法は　$(4-1)!=3!$（通り）

その間の4か所に男子3人が1人ずつ入る方法は

$_4P_3$ 通り

したがって，求める場合の数は

$3!\times_4P_3=6\times24=144$（通り）

67 （ア）96 （イ）60 （ウ）24 （エ）500
（オ）150

解説 (1)　千の位の数字は0を除いた4通りあり，他の

位の数字は残りの4個から3個取り出して並べるとよいから，求める個数は　$4\times_4P_3=96$（個）

そのうち偶数は

[1]　一の位が0の場合　$_4P_3=24$（個）

[2]　一の位が2または4の場合

千の位の数字は0を除いた3通り，他の位の数字は，残りの3個の数字から2個取り出して並べるとよいから，この場合の個数は

$3\times_3P_2\times2=36$（個）

以上から，偶数の個数は　$24+36=60$（個）

5の倍数であるものは

一の位が0の場合に限られるから　$_4P_3=24$（個）

(2) 千の位の数字は4通りあり，他の位の数字はそれぞれ5通りあるから　$4\times5^3=500$（個）

3400以上の数は，34**，4*** の2種類の形の数がある。このうち

34** の形の数は　$5^2=25$（個）

4*** の形の数は　$5^3=125$（個）

ゆえに，求める個数は　$25+125=150$（個）

68 （ア）62 （イ）31

解説 (1)　1人1人がそれぞれ2通りの部屋の入り方があり，この部屋の入り方の中には，A，Bが空部屋になる場合の2通りが含まれるから

$2^6-2=62$（通り）

(2) 2つの部屋には区別がないから

$\dfrac{62}{2}=31$（通り）

69 （ア）EHIKNS （イ）⑩③①② （ウ）3
（エ）HNIESK （オ）633

解説 (1)　1番目の文字列はS，H，I，K，E，Nをアルファベット順に並べたものであるからEHIKNSである。

(2) 1文字目に注目すると，⑩，③がIであり，①，②がKである。

よって，⑩，③の方が①，②より配列が先になる。

⑩，③について，1〜3文字目までは一致しているから，4文字目に注目すると，⑩がEであり，③がHである。

よって，⑩の方が③より配列が先になる。

①，②について，1，2文字目までは一致しているから，3文字目に注目すると，①がHであり，②がIである。

よって，①の方が②より配列が先になる。

したがって，⓪③①②の順に配列される。

(3) HKNEIS と HKNSEI について，1 ～ 3 文字目までは一致しているから，4 文字目以降に注目して，E，I，S の 3 文字を辞書式に配列すると

  EIS, ESI, IES, ISE, SEI, SIE

よって，EIS と SEI の間にある文字列は　3 個

(4) 6 個の文字をアルファベット順に並べると E，H，I，K，N，S の順になる。

E から始まる文字列は $_5P_5=5!=120$（個）あり，HE から始まる文字列は $_4P_4=4!=24$（個）

同様に，HI，HK で始まる文字列も 24 個ずつあり，これらの総数　$120+24\times3=192$（個）

よって，200 番目は HN で始まる文字列の 8 番目である。

HNE から始まる文字列は $_3P_3=3!=6$（個）

ゆえに，求める文字列は HNIESK

(5) E，H，I，K，N で始まる文字列はそれぞれ 120 個ずつある。

よって，これらの総数は $120\times5=600$（個）

次に S から始まる文字列の中で

SE で始まるものは 24 個

SHE で始まるものは 6 個

SHIE で始まるものは 2 個

ゆえに，SHIKEN は

  $600+24+6+2+1=633$（番目）

70 （ア）210 （イ）24 （ウ）28

解説 (1) 10 人から 4 人を選ぶ方法は

$$_{10}C_4=\frac{10\cdot9\cdot8\cdot7}{4\cdot3\cdot2\cdot1}=210\ （通り）$$

(2) 男子の選び方は $_4C_3$ 通りあり，女子の選び方は $_6C_1$ 通りあるから，求める選び方は

$$_4C_3\times{_6C_1}=4\times6=24\ （通り）$$

(3) 特定の 2 人を除いた残りの 8 人から 2 人選べばよい。

よって　$_8C_2=\dfrac{8\cdot7}{2\cdot1}=28$（通り）

71 （ア）220 （イ）112

解説 正十二角形の 3 つの頂点 1 組に対して，三角形は 1 つできるから，求める個数は

$$_{12}C_3=220\ （個）$$

正十二角形と辺を 2 つ共有する三角形は 12 個，辺を 1 つだけ共有する三角形は　$12\times{_8C_1}=96$（個）

よって，正十二角形と辺を共有しない三角形は

$$220-12-96=112\ （個）$$

[辺を 2 つ共有] 　 [辺を 1 つ共有]

72 （ア）126 （イ）70 （ウ）15

解説 (1) $\dfrac{9!}{4!5!}=126$（通り）

(2) 両端の玉を除いた残りの白玉 3 個と黒玉 4 個を 1 列に並べる方法は　$\dfrac{7!}{3!4!}=35$（通り）

そのおのおのについて，両端の玉の並べ方が 2 通りあるから，求める並べ方の総数は

$$35\times2=70\ （通り）$$

(3) 黒玉だけを並べておき，その間と両端の 6 か所から 4 か所を選んで白玉をおけばよいから，求める並べ方の総数は　$_6C_4=15$（通り）

73 （ア）252 （イ）120 （ウ）147

解説 (1) 右，上へ 1 区画進むことを，それぞれ→，↑で表すと，5 個の→と 5 個の↑を 1 列に並べる順列の総数に等しいから

$$\frac{10!}{5!5!}=252\ （通り）$$

(2) A から C への道順の数は $\dfrac{4!}{2!2!}$ 通り，C から B への道順の数は $\dfrac{6!}{3!3!}$ 通りであるから，求める道順の数は

$$\frac{4!}{2!2!}\times\frac{6!}{3!3!}=120\ （通り）$$

(3) D を通る道順の数は，(2)と同様に考えて

$$\frac{7!}{3!4!}\times\frac{3!}{2!}=105\ （通り）$$

よって，求める道順の数は　$252-105=147$（通り）

74 （ア）1260 （イ）120

解説 (1) 7 文字のうち，U と K がそれぞれ 2 個ずつあるから，順列の総数は　$\dfrac{7!}{2!2!}=1260$（個）

(2) UU，KK をそれぞれ 1 個の文字と考え，異なる 5 個の文字を並べる順列の総数を求めればよいから

$$_5P_5=5!=120\ （個）$$

75 （ア）90 （イ）③ （ウ）15

解説 Xに2人を入れる方法は $_6C_2$ 通り。

そのおのおのについて，残りの4人から2人を選んでYに入れる方法は $_4C_2$ 通り。

残りの2人はZに入るから，求める分け方は

$$_6C_2 \times _4C_2 = \frac{6 \cdot 5}{2 \cdot 1} \times \frac{4 \cdot 3}{2 \cdot 1} = 90 \ (通り)$$

(i)において，X，Y，Zの区別は3!＝6（通り）あるから，(ii)の分け方の通り数は，(i)の分け方の通り数を3!で割って

$$_6C_2 \times _4C_2 \div 3! = 90 \div 6 = 15 \ (通り)$$

76 （ア）$\frac{5}{36}$ （イ）$\frac{5}{12}$ （ウ）$\frac{3}{4}$

解説 起こりうるすべての場合の数は $6^2 = 36$（通り）

(1) 出る目の和が6になるのは，

$(1, 5), (2, 4), (3, 3), (4, 2), (5, 1)$

の5通りあるから，求める確率は $\frac{5}{36}$

(2) 出る目の和が2，3，5，7，11のいずれかになる場合である。

和が2となる場合は，(1, 1) の　1通り

和が3となる場合は，(1, 2), (2, 1) の　2通り

和が5となる場合は，(1, 4), (2, 3), (3, 2), (4, 1) の　4通り

和が7となる場合は，(1, 6), (2, 5), (3, 4), (4, 3), (5, 2), (6, 1) の　6通り

和が11となる場合は，(5, 6), (6, 5) の　2通り

ゆえに，計15通り

よって，求める確率は $\frac{15}{36} = \frac{5}{12}$

(3) 出る目の積が奇数になるのは，2つの目がともに奇数である場合で　$3 \times 3 = 9$（通り）

ゆえに，偶数になるのは　$36 - 9 = 27$（通り）

よって，求める確率は $\frac{27}{36} = \frac{3}{4}$

77 （ア）$\frac{1}{3}$ （イ）$\frac{1}{9}$ （ウ）$\frac{1}{3}$

解説 起こりうるすべての場合の数は $3^3 = 27$（通り）

(1) 勝者1人の選び方は3通りあり，そのおのおのについて勝ち方が3通りずつあるから，求める確率は

$$\frac{3 \times 3}{27} = \frac{1}{3}$$

(2) Aだけが負ける場合は，Aが「グー」，「チョキ」，

「パー」を出したときに，B，Cはともにそれぞれ「パー」，「グー」，「チョキ」を出せばよいから，求める確率は $\frac{3}{27} = \frac{1}{9}$

(3) 3人が同じ手を出す場合は3通りあり，3人の手がすべて異なる場合は3!通りある。

よって，求める確率は $\frac{3 + 3!}{27} = \frac{1}{3}$

78 （ア）$\frac{9}{28}$ （イ）$\frac{19}{28}$

解説 起こりうるすべての場合の数は $_9C_3$ 通り

(1) 3個とも異なる色である場合は，3つの色の玉を1つずつ取り出すときであるから

$$\frac{_3C_1 \times _3C_1 \times _3C_1}{_9C_3} = \frac{9}{28}$$

(2) 少なくとも2個が同じ色であるのは，(1)の余事象であるから　$1 - \frac{9}{28} = \frac{19}{28}$

79 （ア）$\frac{15}{64}$ （イ）$\frac{7}{64}$

解説 (1) 表がちょうど2回出る確率は

$$_6C_2 \left(\frac{1}{2}\right)^2 \left(\frac{1}{2}\right)^4 = \frac{15}{64}$$

(2) 表が5回以上出るのは，表がちょうど5回出る場合と6回出る場合があるから

$$_6C_5 \left(\frac{1}{2}\right)^5 \left(\frac{1}{2}\right) + _6C_6 \left(\frac{1}{2}\right)^6 = \frac{7}{64}$$

80 （ア）$\frac{17}{35}$ （イ）はずれ （ウ）当たり

（エ）$\frac{23}{35}$

解説 Aのくじを引く試行と，Bのくじを引く試行は独立である。

Aで当たりを引き，Bではずれを引く場合の確率は

$$\frac{2}{5} \times \frac{4}{7} = \frac{8}{35}$$

Aではずれを引き，Bで当たりを引く場合の確率は

$$\frac{3}{5} \times \frac{3}{7} = \frac{9}{35}$$

よって，1本だけが当たりである確率は

$$\frac{8}{35} + \frac{9}{35} = \frac{17}{35}$$

少なくとも1本当たりを引く事象は，A，Bの両方からはずれを引く事象の余事象である。

両方からはずれを引く確率は $\dfrac{3}{5}\times\dfrac{4}{7}=\dfrac{12}{35}$

よって，少なくとも1本当たりを引く確率は

$$1-\dfrac{12}{35}=\dfrac{23}{35}$$

また，少なくとも1本当たりを引く事象は，(i)の1本だけが当たりである事象と，A，Bの両方から当たりを引く事象の和事象でもあり，これらの事象は互いに排反である。

両方から当たりを引く確率は $\dfrac{2}{5}\times\dfrac{3}{7}=\dfrac{6}{35}$

よって，少なくとも1本当たりを引く確率は

$$\dfrac{17}{35}+\dfrac{6}{35}=\dfrac{23}{35}$$

81 （ア） 3 （イ） 1 （ウ） $\dfrac{27}{4}$ （エ） $\dfrac{9}{2}$

（オ） $\dfrac{27}{4}$

解説 BD：DC＝AB：AC＝12：4＝3：1

よって BD＝$\dfrac{3}{3+1}$BC＝$\dfrac{3}{4}\cdot9=\dfrac{27}{4}$

BF：FC＝AB：AC＝3：1であるから

$$CF=\dfrac{1}{3-1}BC=\dfrac{1}{2}\cdot9=\dfrac{9}{2}$$

また，∠DAF＝90°であるから，△ADFにおいて三平方の定理により $\sqrt{AD^2+AF^2}$＝DF

ここで DF＝DC＋CF＝$\dfrac{1}{3+1}$BC＋$\dfrac{1}{2}$BC

$$=\dfrac{3}{4}BC=\dfrac{3}{4}\cdot9=\dfrac{27}{4}$$

82 （ア） 20 （イ） 140 （ウ） 25 （エ） 60

解説 ∠AOB＝2∠ACB，∠AOC＝2∠ABC
であるから

y＝∠AOB＋∠AOC
　＝2∠ACB＋2∠ABC＝140°

また，△OBCはOB＝OCの二等辺三角形であるから

$x=\dfrac{1}{2}(180°-y)=20°$

次に，∠B′A′C′＝2∠B′A′I＝70°，
∠A′C′B′＝2∠A′C′I＝60°であるから

$z=\dfrac{1}{2}\{180°-(70°+60°)\}=25°$

よって $w=z+35°=60°$

83 （ア） 8 （イ） 15

解説 AKは∠Aの二等分線であるから

BK：KC＝AB：AC
　　　　＝5：3

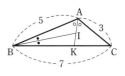

よって

$$BK=\dfrac{5}{5+3}BC=\dfrac{5}{8}\cdot7=\dfrac{35}{8}$$

同様に，BIは∠Bの二等分線であるから

$$AI：IK＝BA：BK＝5：\dfrac{35}{8}=8：7$$

したがって AI：AK＝8：15

84 （ア） 4 （イ） 3 （ウ） 2 （エ） 7

（オ） $\dfrac{2}{21}$

解説 △ABCにチェバの定理を用いると

$$\dfrac{BF}{FC}\cdot\dfrac{CE}{EA}\cdot\dfrac{AD}{DB}=1$$

すなわち $\dfrac{BF}{FC}\cdot\dfrac{1}{2}\cdot\dfrac{3}{2}=1$

よって $\dfrac{BF}{FC}=\dfrac{4}{3}$

したがって BF：FC＝4：3

△ABFと直線CDにメネラウスの定理を用いると

$$\dfrac{BC}{CF}\cdot\dfrac{FO}{OA}\cdot\dfrac{AD}{DB}=1$$

すなわち $\dfrac{7}{3}\cdot\dfrac{FO}{OA}\cdot\dfrac{3}{2}=1$

よって $\dfrac{FO}{OA}=\dfrac{2}{7}$

したがって FO：OA＝2：7

△ABC：△AFC＝BC：FC
　　　　　　　＝7：3

よって △AFC＝$\dfrac{3}{7}$△ABC

また △AFC：△OFC
　　　＝AF：OF＝9：2

よって △OFC＝$\dfrac{2}{9}$△AFC

ゆえに △OFC＝$\dfrac{2}{9}\cdot\dfrac{3}{7}$△ABC＝$\dfrac{2}{21}$△ABC

したがって，△OFCの面積は，△ABCの面積の$\dfrac{2}{21}$倍である。

85 （ア） 重 （イ） 1 （ウ） 1 （エ） 2
（オ） 1 （カ） 3

解説 平行四辺形の対角線はそれぞれの中点で交わる。

よって，AQ＝QC，DQ＝QB である。

ゆえに，AQ＝QC，CE＝ED であるから，P は
△ACD の重心である。

したがって　　DP：PQ＝2：1

ここで，DQ：QB＝1：1 であるから
$$DP：PQ：QB＝2：1：3$$

86　（ア）22　（イ）118　（ウ）56

解説 (1)　$\overset{\frown}{\mathrm{CD}}$ に対する円周角について
$$\angle\mathrm{CFD}＝\angle\mathrm{CED}＝32°$$

よって　$\angle\mathrm{BFC}＝54°－32°＝22°$

したがって，$\overset{\frown}{\mathrm{BC}}$ に対する円周角について
$$x＝\angle\mathrm{BFC}＝22°$$

(2)　線分 AB は円の直径であるから
$$\angle\mathrm{ACB}＝90°$$

よって　$\angle\mathrm{ABC}＝180°－(28°＋90°)＝62°$

四角形 ABCD は円に内接しているから
$$x＝180°－62°＝118°$$

(3)　四角形 ABCD は円に内接しているから
$$\angle\mathrm{FAD}＝x$$

よって　$\angle\mathrm{EDC}＝x＋42°$

したがって，△EDC において
$$26°＋(x＋42°)＋x＝180°$$

ゆえに　$x＝56°$

87　68

解説 円周角の比は弧の長さの比に等しいから
$$\angle\mathrm{BAD}＝\frac{2}{3}\angle\mathrm{BCA}＝56°$$

また，$\overset{\frown}{\mathrm{BD}}＝\overset{\frown}{\mathrm{AE}}$ であるから
$$\angle\mathrm{ABE}＝\angle\mathrm{BAD}＝56°$$

よって　$\angle\mathrm{DFE}＝180°－(\angle\mathrm{BAD}＋\angle\mathrm{ABE})$
$$＝180°－56°×2＝68°$$

88　（ア）①　（イ）⓪③

解説 (1)　四角形の1組の対角の和が180° ならば，円に
内接するから，$\angle\mathrm{B}＋\angle\mathrm{D}＝180°$ が成り立てばよい。

(2)　四角形が円に内接するための条件より，∠A の外角
と ∠C が等しければよい。

また，円周角の定理の逆より ∠BAC＝∠BDC が成り
立てばよい。

89　（ア）55　（イ）59　（ウ）4

解説 (1)　接線と弦の作る角の定理から

$$\angle\mathrm{ACD}＝\angle\mathrm{DAT}＝35°$$

BD は円 O の直径であるから
$$\angle\mathrm{DCB}＝90°$$

よって　$x＝\angle\mathrm{DCB}－\angle\mathrm{ACD}$
$$＝90°－35°＝55°$$

(2)　円の接線の長さについて　PA＝PB

よって，△PAB は二等辺三角形であり
$$\angle\mathrm{PAB}＝\angle\mathrm{PBA}$$

ゆえに　$\angle\mathrm{PAB}＝\dfrac{180°－62°}{2}＝59°$

接線と弦の作る角の定理から　$x＝\angle\mathrm{PAB}＝59°$

(3)　AB，BC，CD，DA と円の接点を，それぞれ P，Q，
R，S とする。

AP＝AS，BP＝BQ，CQ＝CR，DR＝DS が成り立つ。

AP＝AS＝a とすると

　BP＝BQ＝5－a，CQ＝CR＝8－(5－a)＝3＋a，
　DR＝DS＝7－(3＋a)＝4－a

となる。

AD に注目すると　$x＝a＋(4－a)＝4$

90　（ア）1　（イ）3　（ウ）2

解説 $3^2＋4^2＝5^2$ であるか
ら，△ABC は ∠A＝90°
の直角三角形である。

△ABC の内接円の中心
を I とすると，IE⊥CA，
IF⊥AB，IE＝IF＝r で
あるから，四角形 AFIE は正方形である。

よって　AE＝AF＝r

ゆえに　BF＝4－r，CE＝3－r

BD＝BF，CD＝CE であるから
$$\mathrm{BD}＝4－r，\mathrm{CD}＝3－r$$

BC＝BD＋CD であるから
$$5＝(4－r)＋(3－r)$$

よって　$r＝1$

したがって　　BD＝4－1＝3，CE＝3－1＝2

別解 ［r の求め方］

△ABC の面積を S とすると

∠A＝90° から　$S＝\dfrac{1}{2}\cdot3\cdot4＝6$

一方　$S＝\dfrac{r}{2}(\mathrm{AB}＋\mathrm{BC}＋\mathrm{CA})$
$$＝\dfrac{r}{2}(4＋5＋3)＝6r$$

よって 6=6r　　ゆえに r=1

91 (ア) 90 (イ) BAD (または DAB)
(ウ) AB (または BA)
(エ) BCD (または DCB)

解説 [1]のとき
直径に対する円周角は 90° であるから
　　　∠ACB=90°
[2]のとき
AD⊥AT より　∠BAT=90°−∠BAD
また，∠ADB と ∠ACB は弧 AB に対する円周角
である。
[3]のとき
∠ACD=90° より　∠ACB=90°+∠BCD

92 (ア) 2 (イ) 12 (ウ) $4\sqrt{3}$

解説 (1) 方べきの定理から　$2(2+4)=x(x+4)$
整理すると　$x^2+4x-12=0$
よって　$(x+6)(x-2)=0$
$x>0$ であるから　$x=2$
(2) OP⊥AB より　AP=BP
よって，方べきの定理から　$\dfrac{x}{2}\cdot\dfrac{x}{2}=3\cdot12$
したがって　$x^2=144$
$x>0$ であるから　$x=12$
(3) AB は円の直径であるから　AB=8
方べきの定理から　$4(4+8)=x^2$
したがって　$x^2=48$
$x>0$ であるから　$x=4\sqrt{3}$

93 (ア) $\dfrac{15}{4}$ (イ) $\dfrac{9}{4}$

解説 (1) AD は ∠BAC の二等分線であるから
　　　BD:DC=AB:AC=5:3
ゆえに　$BD=\dfrac{5}{5+3}BC=\dfrac{5}{8}\cdot6=\dfrac{15}{4}$
(2) 方べきの定理から　BF・BA=BE・BD
ゆえに，$5BF=3\cdot\dfrac{15}{4}$ から　$BF=\dfrac{9}{4}$

94 (ア) ③ (イ) r^2-PO^2 (ウ) ⓪
(エ) PO^2-r^2
(オ) $|PO^2-r^2|$ (または $|r^2-PO^2|$)

解説 [1] P が円の内部にあるとき
　　　PC=r−PO，PD=r+PO
よって　K=PA・PB

=PC・PD
=(r−PO)・(r+PO)
=r^2-PO^2

[2] P が円の外部にあるとき
　　　PC=PO−r，PD=PO+r
よって　K=PA・PB
=PC・PD
=(PO−r)・(PO+r)
=PO^2-r^2

[1]のとき PO<r，[2]のとき PO>r であり，方べき
は正であるから，方べき K は
　　　$K=PA\cdot PB=|PO^2-r^2|$ （または $|r^2-PO^2|$）

95 (ア) 75 (イ) 12

解説 (1) 点 P における 2
円の共通接線を引き，そ
の接線上に右の図のよう
に 2 点 E，F をとる。
右側の円において，接線
と弦の作る角の定理から
　　　∠DPE=∠PCD=69°
対頂角は等しいから
　　　∠APF=∠DPE=69°，∠APB=∠CPD=36°
左側の円において，接線と弦の作る角の定理から
　　　∠PBA=∠APF=69°
よって，△ABP において　x+69°+36°=180°
したがって　x=75°

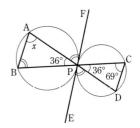

(2) 点 O′ から OA に垂線 O′H を下ろす。
四角形 AHO′B は長方形であるから
　　　AB=HO′，HA=O′B=3
よって　OH=OA−HA=8−3=5
直角三角形 OO′H において，三平方の定理より
　　　$HO'=\sqrt{OO'^2-OH^2}=\sqrt{13^2-5^2}=12$
したがって　AB=12

96 (ア) 正五 (イ) 20 (ウ) 30

解説 正十二面体の面は，すべて合同
な正五角形である。
どの頂点にも 3 つずつの面が集まる
から，頂点の数は
　　　5×12÷3=20（個）
1 つの辺には 2 つの面が重なるから，辺の数は
　　　5×12÷2=30（個）

参考 オイラーの多面体定理から，正十二面体の頂点，

辺の数を，それぞれ v，e とすると，

$v-e+12=2$ が成り立つ。

頂点の数 v，辺の数 e の一方を求めた後に，この式を用いて，他方を求めてもよい。

97 （ア） 12 （イ） 5 （ウ） 5 （エ） ④
（オ） 9 （カ） 16 （キ） 9

解説 立体 A の辺の数は 12 である。

また，立体 B の頂点の数は 5，面の数は 5 である。

オイラーの多面体定理より，凸多面体の頂点の数を v，辺の数を e，面の数を f とすると

$$v-e+f=2$$

が成り立つ。

立体 A の上に立体 B を重ねた新しい立体は右の図のようになり，頂点の数は 9，辺の数は 16，面の数は 9 である。

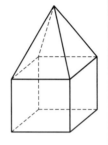

参考 新しい立体についても

$$v-e+f=9-16+9=2$$

となり，オイラーの多面体定理が成り立っていることがわかる。

98 （ア） 8 （イ） 52 （ウ） $2^2 \cdot 7 \cdot 11$

解説 (1) 24 の正の約数は

1，2，3，4，6，8，12，24

よって，小さい方から 6 番目の数は 8

(2) 13 の正の倍数は 13，26，39，52，65，…

よって，小さい方から 4 番目の数は 52

(3) $308=2^2 \cdot 7 \cdot 11$

```
2)308
2)154
7) 77
   11
```

99 （ア） 22 （イ） 24

解説 (1) $\sqrt{4950n}$ が自然数になるには，$4950n$ がある自然数の 2 乗になればよい。

4950 を素因数分解すると $4950=2 \cdot 3^2 \cdot 5^2 \cdot 11$

4950 に $2 \cdot 11$ を掛けると，$2^2 \cdot 3^2 \cdot 5^2 \cdot 11^2$ すなわち $(2 \cdot 3 \cdot 5 \cdot 11)^2$ になる。

したがって，求める自然数 n は $n=2 \cdot 11=22$

(2) 2600 を素因数分解すると $2600=2^3 \cdot 5^2 \cdot 13$

よって，2600 の正の約数の個数は

$(3+1)(2+1)(1+1)=24$ （個）

100 （ア） 18 （イ） 5292 （ウ） 75 （エ） 4

解説 (1) $126=2 \cdot 3^2 \cdot 7$，$108=2^2 \cdot 3^3$，$1764=2^2 \cdot 3^2 \cdot 7^2$

よって，最大公約数は $2 \cdot 3^2=18$

最小公倍数は $2^2 \cdot 3^3 \cdot 7^2=5292$

(2) 2 つの数の積が，2 つの数の最大公約数と最小公倍数の積に等しいから $n \times 20=5 \times 300$

よって $n=75$

(3) 最大公約数が 13 であるから，a，b は

$$a=13a'，b=13b'$$

と表される。ただし，a'，b' は互いに素である自然数で，$a'<b'$ である。

a，b の和が 260 であるから $13a'+13b'=260$

すなわち $a'+b'=20$

$a'+b'=20$，$a'<b'$ を満たし，互いに素である自然数 a'，b' の組は

$(a'，b')=(1，19)，(3，17)，(7，13)，(9，11)$

よって

$(a，b)=(13，247)，(39，221)，(91，169)，$
$(117，143)$

したがって 4 組ある。

101 （ア） 0 （イ） 2

解説 $a=6k+2$，$b=6l+4$ （k，l は整数）と表せる。

$5a+8b=5(6k+2)+8(6l+4)$
$=6(5k+8l)+10+32$
$=6(5k+8l+7)$

よって，$5a+8b$ を 6 で割ったときの余りは 0

$ab=(6k+2)(6l+4)$
$=36kl+24k+12l+8$
$=6(6kl+4k+2l+1)+2$

よって，ab を 6 で割ったときの余りは 2

102 （ア） 4 （イ） ② （ウ） 2

解説 自然数が 12 の倍数であるための必要十分条件は，3 の倍数かつ 4 の倍数であることである。

(1) 自然数が 3 の倍数であるための必要十分条件は，各位の数の和が 3 の倍数となることである。

(2) □ に入る数を a（$0 \leqq a \leqq 9$）とする。

2827□ が 4 の倍数になるのは，下 2 桁 7□ が 4 の倍数となるときで $a=2，6$

各位の数の和は $2+8+2+7+a=19+a$

これが 3 の倍数であるとき，2827□ は 3 の倍数になる。

$a=2$, 6 のうち，$19+a$ が 3 の倍数になるのは，$a=2$ である。

よって，一の位は　2

103 （ア） 13 （イ） 31 （ウ） 7

解説 (1) $728=299\cdot2+130$
$299=130\cdot2+39$
$130=39\cdot3+13$
$39=13\cdot3+0$

よって，最大公約数は　13

(2) $2356=1643\cdot1+713$
$1643=713\cdot2+217$
$713=217\cdot3+62$
$217=62\cdot3+31$
$62=31\cdot2+0$

よって，最大公約数は　31

(3) $5n+13=(2n+8)\cdot2+(n-3)$
$2n+8=(n-3)\cdot2+14$

よって，$5n+13$ と $2n+8$ の最大公約数は，$n-3$ と 14 の最大公約数に等しい。

最大公約数が 7 で，$14=2\cdot7$ であるから，$n-3$ は 7 の倍数であるが，2 の倍数でない。

また，$10\leqq n\leqq99$ より $7\leqq n-3\leqq96$ であるから
$n-3=7$, 21, 35, 49, 63, 77, 91

よって　$n=10$, 24, 38, 52, 66, 80, 94

したがって　7 個

104 （ア） $x=-2$, $y=5$
（イ）　$x=3k+1$, $y=8k+1$ （k は整数）　（ウ）　2

解説 (1) 42 と 17 に互除法の計算を行うと，次のようになる。

$42=17\cdot2+8$ 　　移項すると　$8=42-17\cdot2$
$17=8\cdot2+1$ 　　　　　　　　$1=17-8\cdot2$

よって　$1=17-8\cdot2$
$=17-(42-17\cdot2)\cdot2$
$=17-42\cdot2+17\cdot4$
$=42\cdot(-2)+17\cdot5$

すなわち　$42\cdot(-2)+17\cdot5=1$

よって，求める整数 x, y の組の 1 つは
$x=-2$, $y=5$

(2) $8x-3y=5$　……①

$x=1$, $y=1$ は，①の整数解の 1 つである。

よって　$8\cdot1-3\cdot1=5$　……②

①－②から　$8(x-1)-3(y-1)=0$

$8(x-1)=3(y-1)$　……③

8 と 3 は互いに素であるから，$x-1$ は 3 の倍数である。

よって，k を整数として，$x-1=3k$ と表される。

これを③に代入すると　$8\cdot3k=3(y-1)$

すなわち　$y-1=8k$

したがって，求める整数解は
$$x=3k+1,\ y=8k+1\ （k は整数）$$

(3) $2x+3y=14$ から　$2x=14-3y$　……①

$x>0$ であるから　$14-3y>0$

ゆえに　$y<\dfrac{14}{3}=4.666\cdots$

①において，$2x$ は偶数であるから，$14-3y$ は偶数である。よって　$y=2$, 4

①から $y=2$ のとき　$x=4$
$y=4$ のとき　$x=1$

したがって $(x, y)=(4, 2)$, $(1, 4)$ であるから求める自然数 x, y の組は 2 組ある。

105 （ア） 2 （イ） -4 （ウ） -2 （エ） 2
（オ）　4 （カ）　⓪

解説 $5x+2y=8$ に $y=-5k+4$ を代入すると
$5x+2(-5k+4)=8$

よって　　$x=2k$

$x=2k$ において　$k=-2$ のとき　$x=-4$
$k=-1$ のとき　$x=-2$
$k=1$ 　のとき　$x=2$
$k=2$ 　のとき　$x=4$

下の表を見比べると，x, y の組が一致している列において，太郎さんの表の k の値は，花子さんの表の k の値に 1 足したものであることが読み取れる。

すなわち，太郎さんの表の k を $k+1$ におきかえると花子さんの表の k と同じものになる。

太郎さんの答えの表

k	$\cdots$	-2	-1	0	1	2	$\cdots$
x	$\cdots$	-4	-2	0	2	4	$\cdots$
y	$\cdots$	14	9	4	-1	-6	

花子さんの答えの表

k	$\cdots$	-2	-1	0	1	2	$\cdots$
x	$\cdots$	-2	0	2	4	6	$\cdots$
y	$\cdots$	9	4	-1	-6	-11	

参考 実際に，太郎さんの答えの $x=2k$, $y=-5k+4$ に

おいて，k を $k+1$ におきかえると

$x=2k \quad \rightarrow \quad x=2(k+1)=2k+2$

$y=-5k+4 \quad \rightarrow \quad y=-5(k+1)+4$
$\qquad\qquad\qquad\qquad =-5k-5+4=-5k-1$

よって，太郎さんの答えの k を $k+1$ におきかえると，花子さんの答えと一致する。

106 （ア） 8 （イ） (1, 3) （ウ） (2, 2)

解説 (1) 方程式は次のように変形できる。
$$(x+3)(y-3)+9-1=0$$

すなわち $(x+3)(y-3)=-8$

x，y は整数であるから，$x+3$，$y-3$ も整数である。

ゆえに
$(x+3, y-3)=(1, -8), (2, -4), (4, -2),$
$\qquad\qquad\qquad (8, -1), (-1, 8), (-2, 4),$
$\qquad\qquad\qquad (-4, 2), (-8, 1)$

よって
$(x, y)=(-2, -5), (-1, -1), (1, 1),$
$\qquad\qquad (5, 2), (-4, 11), (-5, 7),$
$\qquad\qquad (-7, 5), (-11, 4)$

したがって 8 組

(2) 左辺を因数分解して $(x+y)(x-y)=-8$

x，y は自然数であるから，$x+y$ は 2 以上の自然数，$x-y$ は整数である。

ゆえに $(x+y, x-y)=(2, -4), (4, -2),$
$\qquad\qquad\qquad\qquad (8, -1)$

よって $(x, y)=(-1, 3), (1, 3), \left(\dfrac{7}{2}, \dfrac{9}{2}\right)$

x，y は自然数であるから $(x, y)=(1, 3)$

(3) $\dfrac{3}{x}-\dfrac{1}{y}=1$ の両辺に xy を掛けると
$$3y-x=xy$$

すなわち $xy+x-3y=0$

変形すると $(x-3)(y+1)=-3$

x，y は自然数であるから，$x-3$，$y+1$ は整数で，$x-3 \geqq -2$，$y+1 \geqq 2$ である。

ゆえに $(x-3, y+1)=(-1, 3)$

よって $(x, y)=(2, 2)$

107 （ア） 26 （イ） 1202 （ウ） 453

解説 (1) $11010_{(2)}=1 \cdot 2^4+1 \cdot 2^3+0 \cdot 2^2+1 \cdot 2^1+0 \cdot 2^0$
$\qquad\qquad\quad =16+8+0+2+0=26$

(2) 右の計算から
$\qquad 47=1202_{(3)}$

$$
\begin{array}{r}
3\,)\,47 \quad 余り \\
3\,)\,15 \cdots 2 \\
3\,)\,5 \cdots 0 \\
3\,)\,1 \cdots 2 \\
0 \cdots 1
\end{array}
$$

(3) $2301_{(4)}=2 \cdot 4^3+3 \cdot 4^2+0 \cdot 4^1+1 \cdot 4^0$
$\qquad\qquad =128+48+0+1=177$

よって，右の計算から
$\qquad 177=453_{(6)}$

$$
\begin{array}{r}
6\,)\,177 \quad 余り \\
6\,)\,29 \cdots 3 \\
6\,)\,4 \cdots 5 \\
0 \cdots 4
\end{array}
$$

108 （ア） 3 （イ） 2 （ウ） 17 （エ） 2
（オ） 3 （カ） 57

解説 (1) 5 進数 $ab_{(5)}$ について $1 \leqq a \leqq 4$，$0 \leqq b \leqq 4$
$\qquad\qquad$ 7 進数 $ba_{(7)}$ について $1 \leqq b \leqq 6$，$0 \leqq a \leqq 6$

よって $1 \leqq a \leqq 4$ …… ①，$1 \leqq b \leqq 4$ …… ②

$ab_{(5)}$ を 10 進法で表すと $5a+b$

$ba_{(7)}$ を 10 進法で表すと $7b+a$

よって $5a+b=7b+a$

ゆえに $2a=3b$

これと①，②から $a=3$，$b=2$

したがって $N=5a+b=5 \cdot 3+2=17$

(2) 4 進数 $3a1_{(4)}$ について $0 \leqq a \leqq 3$ …… ①
$\qquad\qquad$ 6 進数 $1b3_{(6)}$ について $0 \leqq b \leqq 5$ …… ②

$3a1_{(4)}$ を 10 進法で表すと
$\qquad 3a1_{(4)}=3 \cdot 4^2+a \cdot 4^1+1 \cdot 4^0=4a+49$

$1b3_{(6)}$ を 10 進法で表すと
$\qquad 1b3_{(6)}=1 \cdot 6^2+b \cdot 6^1+3 \cdot 6^0=6b+39$

よって $4a+49=6b+39$

ゆえに $2a+5=3b$

これと①，②から $a=2$，$b=3$

したがって $N=4a+49=4 \cdot 2+49=57$

109 （ア） p （イ） 1 （ウ） $\dfrac{p+1}{2}$

（エ） $\dfrac{p-1}{2}$

解説 $m^2-n^2=p$ において，左辺を因数分解すると
$$(m+n)(m-n)=p$$

m，n は自然数であるから $m+n>0$

$m+n>0$，$p>0$ より $m-n>0$

よって $m+n>m-n>0$

ゆえに，p は素数であるから
$$m+n=p, \quad m-n=1$$

これを解いて
$$m=\dfrac{p+1}{2}, \quad n=\dfrac{p-1}{2}$$

参考 p は 3 以上の素数であるから，p は奇数であり，$\dfrac{p+1}{2}$, $\dfrac{p-1}{2}$ は自然数である。

110 （ア） 60 （イ） 16000 （ウ） 4
（エ） 26 （オ） 40

解説 (1) 100000 秒が 27 時間 46 分 40 秒であるから

$$100000 = 27 \cdot 60^2 + 46 \cdot 60^1 + 40 \cdot 60^0$$

よって，100000 秒を 27 時間 46 分 40 秒と表すことは，100000 を 60 進法で表すことと同じである。

(2) 4.8×10^9 km の距離を 3.0×10^5 km/秒の速さで進むとき，かかる時間は

$$(4.8 \times 10^9) \div (3.0 \times 10^5) = 1.6 \times 10^4 \quad （秒）$$

$1.6 \times 10^4 = 16000$ を 60 進法で考えると，右の計算から

　16000 秒
　＝4 時間 26 分 40 秒

```
         余り
60) 16000
60)   266 … 40  ↑
60)     4 … 26  |
        0 …  4  |
```

したがって，恒星の光が惑星に届くまで，4 時間 26 分 40 秒かかる。

1 （ア）① （イ）7 （ウ）5 （エ）⓪ （オ）6 （カ）① （キ）7 （ク）2 （ケ）4

┌─ 解答の指針 ─────────────────────────────────

(2) 連立不等式を満たす整数の個数についての問題で，k の満たすべき不等式を立てるときは端の値が含まれる
かどうか，すなわち不等号にイコールがつくかどうかに注意する。具体的に端の値について，数直線をかいて
考えるとよい。

(3) 問題文の不等式(B)の不等号のイコールが無くなると，連立不等式を満たす整数 x の個数も変化する。

└───

解説

(1) (A)を解くと　　$2<x<10$　　　また，(B)を解くと　　$x \leqq 2k$

　　よって，(A)，(B)の解はそれぞれ

　　　　(A)：$2<x<10$

　　　　(B)：$x \leqq 2k$

　　となる。$^{(ア}①)$

　　連立不等式を満たす整数 x がちょ
　　うど 5 個存在するとき，右の図から
　　$2k$ は $^{イ}7$ と 8 の間にあればよい。

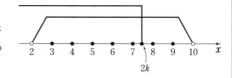

(2) $2k$ が 7 に等しいとき

　　右の図から，このとき連立不等式
　　を満たす整数 x はちょうど $^{ウ}5$ 個存
　　在する。

　　よって，条件を満たす。$^{(エ}⓪)$

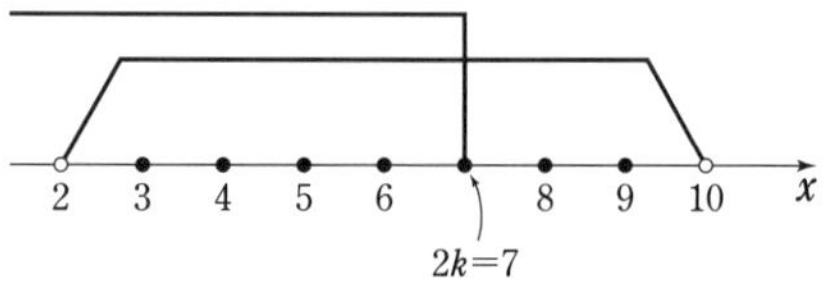

　　また，$2k$ が 8 に等しいとき

　　右の図から，このとき連立不等式を
　　満たす整数 x はちょうど $^{オ}6$ 個存在
　　する。

　　よって，条件を満たさない。$^{(カ}①)$

←このとき，連立不等式を満
たす整数 x は 3，4，5，
6，7 の 5 個

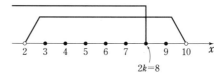

←このとき，連立不等式を満
たす整数 x は 3，4，5，
6，7，8 の 6 個

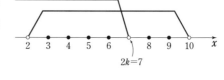

←よって，問題 の答えは
$\dfrac{7}{2} \leqq k < 4$ となる。

(3) (B)の解は $x < 2k$ となる。

　　連立不等式を満たす整数 x がちょうど 5 個存在するとき，$2k$ は 7 と 8 の間にあれ
　　ばよい。

　　$2k$ が 7 に等しいとき

　　右の図から，このとき連立不等式を
　　満たす整数 x はちょうど 4 個存在
　　する。

　　よって，条件を満たさない。

←このとき，連立不等式を満
たす整数 x は 3，4，5，
6 の 4 個

　　また，$2k$ が 8 に等しいとき

　　右の図から，このとき連立不等式を
　　満たす整数 x はちょうど 5 個存在
　　する。

　　よって，条件を満たす。

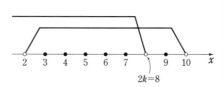

←このとき，連立不等式を満
たす整数 x は 3，4，5，
6，7 の 5 個

　　したがって，連立不等式を満たす整数 x がちょうど 5 個存在するとき，k が満た

　　す不等式は　　　$7 < 2k \leqq 8$　　　したがって　　　$\dfrac{^{キ}7}{^{ク}2} < k \leqq {}^{ケ}4$

2 （ア）④　（イ）②　（ウ）①　（エ）②　（オ）②

解答の指針

(1) グラフが上に凸か下に凸か，頂点の座標，座標軸との交点などから判断する。

a の符号　……　$a>0$ $\iff$ 下に凸　　$a<0$ $\iff$ 上に凸

b の符号　……　頂点の x 座標 $-\dfrac{b}{2a}$ に注目（a の符号に注意）

c の符号　……　y 軸との交点の座標 $(0,\ c)$ に注目

b^2-4ac の符号　……　x 軸との共有点の個数に注目

$\qquad b^2-4ac>0 \iff 2$ 個　　$b^2-4ac=0 \iff 1$ 個　　$b^2-4ac<0 \iff 0$ 個

$a+b+c$ の符号　……　$y=ax^2+bx+c$ で $x=1$ のときの y の値に注目

(2)では，関数の方程式を変化させることによりグラフがどう変化するか，(3)では，グラフを変化させることにより関数の方程式がどう変化するか，を問われている。関数の方程式とグラフの形がどう対応しているのかをしっかりとおさえておきたい。

解説

(1)　グラフは上に凸であるから　　$a<0$

頂点の x 座標は $-\dfrac{b}{2a}$ であり，これが正であるから　　$-\dfrac{b}{2a}>0$

よって　　$\dfrac{b}{2a}<0$　　$a<0$ であるから　$b>0$

グラフは y 軸と $y<0$ の部分と交わるから　　$c<0$

x 軸と異なる2点で交わるから　　$b^2-4ac>0$

$x=1$ のとき　　$y=a\cdot1^2+b\cdot1+c=a+b+c$

グラフより，$x=1$ のとき $y>0$ であるから　　$a+b+c>0$

以上より　$a<0,\ b>0,\ c<0,\ b^2-4ac>0,\ a+b+c>0$　　（ア④）

(2)　$y=ax^2+bx+c$ において，b を $-b$ におきかえると
$$y=ax^2-bx+c$$
すなわち　　$y=a(-x)^2+b(-x)+c$

よって，これはもとのグラフを y 軸に関して対称移動させたグラフを表す。
（イ②）

⟵関数 $y=f(x)$ のグラフに対して，$y=f(-x)$ は y 軸に関して対称移動させたグラフの方程式を表す。

別解　$y=ax^2+bx+c$ において，$y=a\left(x+\dfrac{b}{2a}\right)^2-\dfrac{b^2-4ac}{4a}$ であるから，グラフの頂

点の座標は $\left(-\dfrac{b}{2a},\ -\dfrac{b^2-4ac}{4a}\right)$ である。頂点の座標の b を $-b$ におきかえると

$$\left(\dfrac{b}{2a},\ -\dfrac{b^2-4ac}{4a}\right)$$

よって，頂点は y 軸に関して対称移動する。さらに，a の値は変わらないから，$y=ax^2+bx+c$ において b を $-b$ におきかえると，グラフは y 軸に関して対称移動する。

(3)　$y=ax^2+bx+c$ のグラフを x 軸方向に2だけ平行移動させたグラフの方程式は
$$y=a(x-2)^2+b(x-2)+c$$
すなわち　　$y=ax^2+(-4a+b)x+(4a-2b+c)$

よって，a は a のまま，b は $-4a+b$ に，c は $4a-2b+c$ にすればよい。
（ウ①，エ②，オ②）

3 （ア）⓪ （イ）③ （ウ）⓪ （エ）② （オ）⑤ （カ）③ （キ）② （ク）① （ケ）4 （コ）5

| 解答の指針 |

（条件A）⟺ 2次関数のグラフが x 軸と異なる 2 点で交わる。

(3) 波下線部 b については，（条件A），（条件C）は成り立っているが，（条件B）は成り立っていない図，すなわち x 軸と 2 点で交わり，$x=0$ のときの y の値の符号が正であるが，軸の位置が y 軸より右になっている図を探せばよい。

(4) 花子さんと話していたときの条件は 2 次関数のグラフが下に凸である，すなわち x^2 の係数が正であることが前提になっている。

2次関数のグラフが上に凸，すなわち x^2 の係数が負のときは，条件が変わる。

x^2 の係数の符号の違いによって，条件がどう変化するかグラフをイメージして考えよう。

解説

(1) x の 2 次方程式 $x^2+2ax-a+2=0$ は異なる 2 つの実数解をもつから，判別式 D の符号は正となればよい。（ア ⓪）

グラフの軸の位置は y 軸より左となればよい。（イ ③）

$x=0$ のときの y の値の符号は正となればよい。（ウ ⓪）

(2) $\dfrac{D}{4}=a^2+a-2$ であるから，（条件A）より　　$a^2+a-2>0$

よって　　$a<-2,\ 1<a$　……①

軸は直線 $x=-a$ であるから，（条件B）より　　$-a<0$

よって　　$a>0$　……②

$x=0$ のとき，$y=-a+2$ であるから，（条件C）より　　$-a+2>0$

よって　　$a<2$　……③

①，②，③より　　$1<a<2$　（エ ②）

← グラフが下の図のようになればよい。

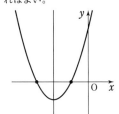

← （条件A），（条件B），（条件C）が同時に成り立つ必要があるため，①，②，③の共通部分を考える。

(3) （波下線 b について）x 軸と 2 点で交わり，$x=0$ のときの y の値の符号が正であるが，軸の位置が y 軸より右になっている図は　　オ ⑤

（波下線 c について）x 軸と 2 点で交わり，軸の位置が y 軸より左であるが，$x=0$ のときの y の値の符号が負になっている図は　　カ ③

(4) 花子さんと話していたときの 2 次関数 $y=x^2+2ax-a+2$ のグラフは下に凸であるが，実際に宿題で与えられた 2 次関数 $y=-x^2-ax+a^2-5a$ のグラフは上に凸である。

よって，右の図から 2 次関数 $y=-x^2-ax+a^2-5a$ のグラフが x 軸の負の部分と異なる 2 点で交わるための条件は

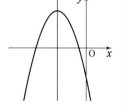

・x の 2 次方程式 $-x^2-ax+a^2-5a=0$ の判別式 D の符号が正

・軸の位置が y 軸より左

・$x=0$ のときの y の値の符号が負

したがって，（条件C）を「$x=0$ のときの y の値の符号が負」と修正すればよい。（キ ②，ク ①）

(5) 「$x=0$ のときの y の値の符号が負」を（条件C'）とする。

$D=(-a)^2-4\cdot(-1)(a^2-5a)=5a(a-4)$ であるから，（条件A）より

$$5a(a-4)>0\qquad よって\qquad a<0,\ 4<a\ ……④$$

軸は直線 $x=-\dfrac{a}{2}$ であるから，（条件B）より $-\dfrac{a}{2}<0$

よって $a>0$ …… ⑤

$x=0$ のとき，$y=a^2-5a$ であるから，（条件C′）より $0<a<5$ …… ⑥

④，⑤，⑥より $^{ケ}4<a<^{コ}5$

4 （ア）.（イ） 1.8 （ウ） ⓪ （エ）.（オ） 1.2 （カ） ② （キク） 35 （ケ） 1 （コ） ⓪
  （サ）.（シ） 0.5 （ス） ⓪

解答の指針

(1) 法律で定められている軽トラックに載せられる荷物の高さの上限をもとに，斜めに立てかけた荷物の長さの
  最大値を三角比を利用して求める問題。法律の条文と軽トラックの地面から荷台までの高さから，荷物の高さ
  の上限が 2.5−0.7=1.8（m）であることがわかること，三角比を用いて荷物の高さ（垂直方向の長さ）を
  $x\sin35°$ m と表すことができるかがポイントとなる。

(2) 必要な長さを適切な三角比を用いて表すことができるかがポイントとなる。

解説

(1) 軽トラックの荷台の高さが 0.7 m であるから，荷物の高さの上限は

$$2.5-0.7=1.8（m）$$

また，荷物の長さが x m，荷物と荷台の底面のなす角が $35°$ であるとき，荷物の
高さは $x\sin35°$ m

よって，荷物の長さが最大となるのは $x\sin35°=1.8$ のときである。

したがって，x の取りうる最大値は $x=\dfrac{^{ア}1.^{イ}8}{\sin35°}$ （m）（^{ウ}⓪）

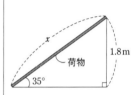

(2) $\triangle BDC$ に注目して，$CD=1.2$ より $\tan35°=\dfrac{BD}{1.2}$

すなわち $BD=^{エ}1.^{オ}2\tan35°$ （^{カ}②）

よって $AB=AD+BD=1.2+1.2\tan35°$

また，$CD\,/\!/\,AE$ であるから $\angle BEA=\angle BCD=^{キク}35°$

ゆえに $\sin35°=\dfrac{AB}{BE}$ すなわち $BE=AB\times\dfrac{^{ケ}1}{\sin35°}$ （^{コ}⓪）

よって $BE=(1.2+1.2\tan35°)\times\dfrac{1}{\sin35°}$

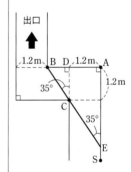

ここで，荷物の長さは(1)で求めた長さの最大値であるから，荷物の長さは
$\dfrac{1.8}{\sin35°}$ m である。

したがって，$(1.2+1.2\tan35°)\times\dfrac{1}{\sin35°}>\dfrac{1.8}{\sin35°}$ であれば，荷物はこの道を通
ることができる。

$(1.2+1.2\tan35°)\times\dfrac{1}{\sin35°}>\dfrac{1.8}{\sin35°}$ と仮定して整理すると $\tan35°>^{サ}0.^{シ}5$

$\tan30°<\tan35°<\tan45°$ から $\dfrac{1}{\sqrt{3}}<\tan35°<1$

$\dfrac{1}{\sqrt{3}}=\dfrac{\sqrt{3}}{3}>0.5$ であるから $\tan35°>0.5$ は成り立つ。

したがって，荷物はこの道を通ることができる。（^{ス}⓪）

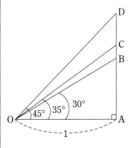

$AB=\tan30°$
$AC=\tan35°$
$AD=\tan45°$
図より $AB<AC<AD$

5　（ア）③　（イ）②　（ウ）①　（エ）①　（オ）②

┌─ 解答の指針 ───
(1) 平均値と中央値はともにデータの代表値としてよく取り上げられるが，平均値は極端な値のデータに影響されやすいのに対し，中央値は影響されにくいという特徴がある。また，最頻値も極端な値のデータに影響されにくいという特徴がある。

(2) 相関係数の値として最も適当なものを選択肢から選ぶ問題。与えられた数値から計算して求めることもできるが，相関係数の特徴（−1以上，1以下の値をとること，共分散と符号が一致すること）や，散布図が与えられている場合はその分布の様子から，計算せずに解くことができることもある。

(4) 共分散はデータの数値の大小や単位の変換の影響を受けることがあるが，相関係数は常に−1から1までの値をとり，単位の変換によって値が変化することもないため，2種類のデータの相関関係の強弱を判断しやすい。
└───

解説

(1) 平均値はデータの値の総和をデータの個数で割ったものであるから，1.87が187に変わると平均値も変わってしまう。

また，中央値はデータを値の大きさの順に並べたとき中央にくる値であるから，最も大きい値である1.87が187に変わっても中央値は変わらない。

よって　　ア③

(2) 共分散の値が正の値であるから，相関係数の値も正の値である。

また，相関係数は−1以上，1以下の値をとる。

以上から，最も適当なものは　　イ②

$\leftarrow$ 計算で求めようとすると
$$\frac{0.9091}{0.09645 \times 10.90}$$
を計算することになる。

(3) 身長の単位をmからcmに変換すると，身長の数値は100倍になる。

身長の分散は変換前の100^2倍になるから，標準偏差は$\sqrt{100^2}=100$倍となる。

よって，変換後の身長の標準偏差は　　$0.09645 \times 100 = 9.645$　　（ウ①）

$\leftarrow$ 標準偏差 $=\sqrt{(\text{分散})}$

また，身長と体重の共分散は変換前の100倍になるから，変換後の身長と体重の共分散は　　$0.9091 \times 100 = 90.91$　　（エ①）

(4) (3)から，変換後の共分散は変化する。

また，相関係数は，$\dfrac{\text{身長と体重の共分散}}{(\text{身長の標準偏差}) \times (\text{体重の標準偏差})}$ で与えられる。

変換後，身長の標準偏差が100倍，身長と体重の共分散が100倍となるから，相関係数は変化しない。

よって　　オ②

6 (ア) 1 (イ) 3 (ウエ) 17 (オカ) 81 (キ) ① (ク) 1 (ケ) 9 (コ) ⓪

解答の指針

(2) 条件付き確率の意味を確認する問題。

(i)では，確率 $P(A \cap E)$ と条件付き確率 $P_A(E)$ の違いについて，しっかり確認しておこう。

$P(A \cap E)$ は太郎さんが勝利する事象と，3ターンで勝者が決まる事象が同時に起きる確率であり，$P_A(E)$ は太郎さんが勝利したという前提のもとで，3ターンで勝者が決まる確率である。

	3ターンで決まる	4ターンで決まる	5ターンで決まる
太郎さんが勝利			
花子さんが勝利			

右の図において，$P(A \cap E)$ は青く塗られた部分の領域に対する青斜線の領域の割合であり，$P_A(E)$ は黒斜線部分の領域に対する青斜線部分の領域の割合である。

(iii)における確率の大小関係は，条件付き確率の定義から，$P(A \cap F)$ が最も小さいことがわかる。

解説

(1) 3ターンで太郎さんが勝利する確率は $\left(\frac{1}{3}\right)^3 = \frac{1}{27}$

また，3ターンで花子さんが勝利する確率は $\left(\frac{2}{3}\right)^3 = \frac{8}{27}$

これらの事象は互いに排反であるから，3ターンで勝者が決まる確率は

$$\frac{1}{27} + \frac{8}{27} = \frac{1}{3}$$

このゲームは5ターンまでに必ず勝者が決まる。

3ターンで太郎さんが勝利する確率は $\frac{1}{27}$

4ターンで太郎さんが勝利するとき，3ターン目までに太郎さんが2回，花子さんが1回得点し，4ターン目を太郎さんが得点すればよいから，その確率は

$$_3C_2\left(\frac{1}{3}\right)^2\left(\frac{2}{3}\right) \times \frac{1}{3} = \frac{2}{27}$$

5ターンで太郎さんが勝利するとき，4ターンまでに太郎さんが2回，花子さんが2回得点し，5ターン目を太郎さんが得点すればよいから，その確率は

$$_4C_2\left(\frac{1}{3}\right)^2\left(\frac{2}{3}\right)^2 \times \frac{1}{3} = \frac{8}{81}$$

これらは互いに排反であるから，太郎さんが勝利する確率は

$$\frac{1}{27} + \frac{2}{27} + \frac{8}{81} = \frac{17}{81}$$

(2) (i) $P_A(E)$ は太郎さんが勝利したとき，ターン数が3である確率を表す。

←他の選択肢について，
⓪は $P(A \cap E)$，
②は $P_E(A)$ を表している。

(ii) $P_E(A) = \frac{P(A \cap E)}{P(E)}$ であり，(1)から $P(A \cap E) = \frac{1}{27}$，$P(E) = \frac{1}{3}$ であるから求める確率 $P_E(A)$ は $P_E(A) = \frac{1}{27} \div \frac{1}{3} = \frac{1}{9}$

(iii) $P_A(F) = \frac{P(A \cap F)}{P(A)}$，$P_F(A) = \frac{P(A \cap F)}{P(F)}$ であり，$0 < P(A) < 1$，$0 < P(F) < 1$ であるから，

$$P(A \cap F) < P_A(F) \quad かつ \quad P(A \cap F) < P_F(A)$$

よって，最も小さいものは $P(A \cap F)$ である。

7 （ア）③ （イ）2 （ウ）1 （エ）⑤ （オ）②

解答の指針

三角形の3つの中線が1点で交わることの証明問題。この交点が重心である。

定理や公式自体をただ暗記するのではなく，証明もしっかり理解しておくことが重要である。また，証明を読んでいて「同様に」などの表現がでてきたら，その部分を自力で補ったりする癖をつけておくとよい。

(1) 中点連結定理は右の図①において

$$MN /\!/ BC, \quad 2MN = BC$$

が成り立つというものである。

また，中線定理は右の図②において

$$AB^2 + AC^2 = 2(AM^2 + BM^2)$$

が成り立つというものである。

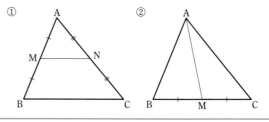

解説

(1) L，Mは，それぞれ辺BC，CAの中点であるから，中点連結定理 （ア③）により

$$ML /\!/ AB, \quad 2ML = AB$$

△GLM∽△GABであるから

$$AG : GL = AB : ML$$

2ML=ABから　　AB：ML＝2：1

よって　AG：GL＝AB：ML＝ᴵ2：ᵁ1

(2) L，Nは，それぞれ辺BC，ABの中点であるから，中点連結定理により

$$NL /\!/ CA, \quad 2NL = CA \quad （エ⑤, オ②）$$

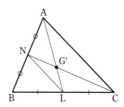

← NLがML，CAがABにそれぞれ対応している。

8 （ア）② （イ）③ （ウ）2 （エ）⓪ （オ）③ （カ）3 （キ）①

解答の指針

4の倍数の判定法の求め方を応用して，8の倍数の判定法を求める問題である。

6の倍数であることは，2の倍数であり，かつ3の倍数であることと同値であるため，6の倍数の判定法は2の倍数と3の倍数の判定法を利用して判定することができる。しかし，8の倍数であることは，2の倍数であり，かつ4の倍数であることと同値ではないため，6の倍数の判定法のように考えることができない。

(2) 整数 n を p で割った商が q，余りが r のとき　　$n = pq + r$

(4) 8の倍数の判定法の求め方を拡張して，16の倍数の判定法を考え実際に利用することが問われている。10桁の数を筆算しても答えは求められるが大変である。すぐ計算するのではなく，前問までの内容にヒントがないか考えよう。

解説

(1) 2の倍数の判定法は一の位が偶数であること，また，3の倍数の判定法は各位の数の和が3の倍数であることである。

さらに，6の倍数であることは，2の倍数 かつ 3の倍数であることと同値であるから，6の倍数の判定法は一の位が偶数 かつ 各位の数の和が3の倍数であることである。（ア②）

(2) N を100で割った商が k，余りが a であるとき，N を k，a を用いて表すと

$$N = 100k + a \quad （イ③）$$

また，a は0以上99以下の整数であり，$100k$ の下2桁は00であるから，N の下2桁の数は a と一致する。

よって，a は N の下ᵂ2桁の数を表す。

(3) N を割った余りが N の下 m 桁を表すためには，割る数を 10^m とすればよい。（エ⓪）

$10^m = 2^m \cdot 5^m$ から，10^m と表される数で8の倍数となる最小の数は1000である。（オ③）

割る数が $1000 = 10^3$ のとき，割った余りは N の下ᵏ3桁を表す。

←例えば，$N = 7456$ の下3桁は456であり，これは $N = 10^3 \cdot 7 + 456$ より，N を 10^3 で割った余りとみることもできる。

(4) 10^m と表される数で16の倍数となる最小の数は10000である。割る数が $10000 = 10^4$ のとき，N を割った余りは N の下4桁を表す。

よって，16の倍数の判定法は，N の下4桁が16の倍数であることである。

1098765432の下4桁は5432であり，$5432 = 339 \cdot 16 + 8$ であるから，1098765432は16の倍数でない。（キ①）

←1098765432
$= 68672839 \cdot 16 + 8$

ISBN978-4-410-13681-8

13681A 211005